农业部武陵山区定点扶贫县农业特色产业

技术指导丛书——来凤篇

农业部科技发展中心
恩 施 州 农 科 院 编著
湘 西 州 农 科 院

U0313297

中国农业科学技术出版社

图书在版编目（CIP）数据

农业部武陵山区定点扶贫县农业特色产业技术指导丛书. 来凤篇／农业部科技发展中心，恩施州农科院，湘西州农科院编著 . —北京：中国农业科学技术出版社，2017.10

ISBN 978-7-5116-3129-9

Ⅰ.①农…　Ⅱ.①农…②恩…③湘…　Ⅲ.①农业技术–来凤县　Ⅳ.①S-126.34

中国版本图书馆 CIP 数据核字（2017）第 144907 号

责任编辑	张志花
责任校对	马广洋

出 版 者	中国农业科学技术出版社
	北京市中关村南大街 12 号　邮编：100081
电　　话	(010)82106636(编辑室)　　(010)82109702(发行部)
	(010)82109709(读者服务部)
传　　真	(010)82106631
网　　址	http://www.CASTP.cn
经 销 者	全国各地新华书店
印 刷 者	北京富泰印刷有限责任公司
开　　本	880mm×1 230mm　1/32
印　　张	9.625
字　　数	300 千字
版　　次	2017 年 10 月第 1 版　2017 年 10 月第 1 次印刷
定　　价	28.00 元

编　委　会

前　　言

　　根据农业部计划司统一安排，按照《农业部定点扶贫地区帮扶规划（2016—2020 年）》，农业部科技发展中心与湖北省恩施州（恩施土家族苗族自治州，全书简称恩施州）农业科学院、湖南省湘西州（湘西土家族苗族自治州，全书简称湘西州）农业科学院联合编写了《农业部武陵山区定点扶贫县农业特色产业技术指导丛书》，对 2016—2020 年农业部定点扶贫地区的 4 县（恩施州咸丰县、来凤县和湘西州龙山县、永顺县）的重点和特色产业进行科普解读。恩施州农业科学院、湘西州农业科学院组织马铃薯、茶叶、红衣米花生、食用菌、猕猴桃、黑猪、草食畜、甘薯、藤茶、生姜、百合、柑橘、高山蔬菜等方面的专家和 4 县的农业局、畜牧局及农业技术推广部门 30 多人参加了编写工作，在编写过程中我们深入 4 县进行了产业调研，结合每个县的产业发展状况，以特色作物的起源与分布、产业发展概况、主要栽培品种及新育成品种、栽培技术、主要病虫害防治技术、产业发展现状为主要内容进行精心编写，力求图文并茂，既着眼当前，又考虑长远，兼具科普性、可读性和可操作性，以达到助力精准扶贫、科技扶贫、精准脱贫的目的。

　　感谢农业部驻武陵山区扶贫联络组，恩施州、湘西州两地中共州委、州政府，州委农业办公室，州农业局，州畜牧局等各有关部门对丛书编写工作给予的大力支持和配合。

感谢所有关注丛书编写、关注扶贫攻坚工作的领导、专家和同志们！现在这套丛书已经完成，这是我们对农业部定点扶贫工作所尽的绵薄之力，希望能够对 4 县乃至武陵山区的特色产业发展起到科学普及、指导、引领作用，助推精准脱贫奔小康。

由于时间紧，调研时间短，丛书难免有不足和疏漏之处，敬请读者批评指正。

编委会

2017 年 2 月

目　　录

产业规划与布局

茶叶产业

黑猪产业

藤茶产业

马铃薯产业

甘薯产业

生姜产业

产业规划与布局

一、产业选择

来凤县选择茶、黑猪、藤茶、薯类作为扶贫重点产业。从资源禀赋来看，来凤县属中亚热带季风湿润型气候，温暖湿润、雨量充沛，适宜茶叶、红薯种植，拥有藤茶（显齿蛇葡萄）等特色农产品资源。从产业基础来看，来凤县发挥藤茶资源优势，围绕凤雅公司，形成了藤茶人工栽培、精深加工产业链，围绕安普罗公司等屠宰加工企业形成了较完整的黑猪产业链，此外，还培育了一批以淀粉加工为主的薯类加工企业。从市场需求来看，由于藤茶独特的口感和营养保健作用，市场前景看好。从带动能力来看，茶、黑猪、藤茶、薯类四个产业对贫困人口覆盖面较大，共覆盖贫困户 3 108 户、贫困人口1 130人。

二、产业布局

茶产业重点布局在大河、旧司、三胡、百福司等乡镇的金龙村、大坝村、沙坝村等 45 个村，覆盖贫困户 712 户、贫困人口 2 100人。

黑猪产业布局在全部乡镇，覆盖贫困户 1 000 户、贫困人口3 200人。

藤茶产业重点布局在三胡、革勒、旧司、大河、百福司等乡镇的安子村、鼓架山村、沙坝村、沙道湾村等 46 个村，覆盖贫困户 572户、贫困人口 2 000人。

薯类产业重点布局在革勒、大河、旧司、翔凤等乡镇的陈家沟、土家寨、古架山、马家坝、大坎山、新街等村，覆盖贫困户 824 户，贫困人口 4 000人。

——全文摘自《农业部定点扶贫地区帮扶规划
（2016—2020 年）》

茶叶产业

第一章 概 述

第一节 茶叶的来源与分布

一、茶叶的来源

中国是茶树的原产地。中华民族的祖先最早发现和利用茶叶，经过历代长期的实践，创造了丰富多彩的茶文化，传播世界，造福人类。

据考证，野生茶树最早出现于我国西南部的云贵高原、西双版纳一带。后北传巴蜀，并本土化，逐渐孕育出适宜巴蜀生长的巴蜀茶。陆羽是国内探讨我国茶叶起源的第一人。《茶经》中记载："其巴山峡川，有两人合抱者。"巴山峡川即今川东鄂西。茶经中又说："茶之为饮发乎神农，闻于鲁公"。有关神农氏，据考证，最早生活在川东或鄂西山区。距今已经有5 000多年的历史。而人工栽培茶树的最早文字记载始于西汉的蒙山茶，记载在《四川通志》中。

隋朝开通南北大运河，便利南茶北运和文化交流，社会上出现专用的茶字。而我国唐代茶叶发展为鼎盛时期，开元年间，北方佛教禅宗兴起，坐禅祛睡，倡导饮茶，饮茶之风由南方向北方发展。唐代以后，制茶技术日益发展，饼茶（团茶、片茶）、散茶品种日渐增多，种植、加工、贸易规模也日益加大，日益与人们的生活密切相关。

上元至大历年间，陆羽的《茶经》问世，成为我国也是世界第一部茶叶专著。宋元时期茶区继续扩大，种茶、制茶、点茶技艺精进。

明代朱元璋时期，我国茶叶生产由团饼茶为主转为散茶为主。茶类有了很大发展，在绿茶基础上，白茶、黑茶、黄茶、乌龙茶、红茶及花茶等茶类相继被研发出来。明代强化茶政茶法，为巩固边防设立了茶马司，专营以茶换马的茶马交易。

清朝到民国时期，海外交通发展，国际贸易兴起，茶叶成为我国主要出口商品之一。康熙二十三年，清朝廷开放海禁，我国饮茶文化和茶叶商品传往西方。在民国初期，创立初级茶叶专科学校，设置茶叶专修科和茶叶系，推广新法种茶、机器制茶，建立茶叶商品检验制度，制订茶叶质量检验标准。

新中国成立后，政府十分重视茶业。1949 年 11 月 23 日，专门负责茶业事务的中国茶业公司成立。自此，茶叶在生产、加工、贸易、文化等多方面蓬勃发展。

我国最早向海外传播种茶技术的国家是日本，公元 804 年日本僧人最澄来我国浙江学佛，回国时（805 年）携回茶籽。印度尼西亚于 1731 年从我国运入茶籽。印度第一次栽茶始于公元 1780 年，由东印度公司船主从广州带回茶籽种植于不丹和加尔各答的植物园。斯里兰卡的华尔夫于公元 1867 年从我国游历回国，带回几株茶树栽于普塞拉华的咖啡园中。

二、茶叶的分布

（一）世界茶区分布

茶树自然分布在南纬 33°以北和北纬 49°以南地区，主要集中在南纬 16°至北纬 20°之间。目前，世界上有 60 个国家引种了茶树，列入国际统计的有 34 个国家，其中，分布在亚洲 12 个、非洲 13 个、欧洲 3 个、拉丁美洲 4 个、大洋洲 2 个。亚洲的茶叶产量占世界茶叶总产量的 81.79%左右，非洲约占 15.10%，其他 3 个洲中，除了阿根廷有一定的产量，其他国家和地区产茶很少，约占世界比重的 3.11%。近 10 年来，一般情况下，斯里兰卡茶叶出口量第一，中国第二，肯尼亚第三，印度第四。

（二）中国茶区分布

我国茶区辽阔，分布极为广阔，南自北纬 18°的海南岛，北至北纬 38°的山东蓬莱，西至东经 95°的西藏东南部，东至东经 122°的台湾东岸。在这一广大区域中，有浙江、安徽、湖南、台湾、四川、重庆、云南、福建、湖北、江西、贵州、广东、广西壮族自治区（全书简称广西）、海南、江苏、陕西、河南、山东、甘肃等共有 21 个省（自治区、直辖市）967 个县、市生产茶叶。全国分四大茶区：西南茶区、华南茶区、江南茶区、江北茶区。

1. 西南茶区

西南茶区又称"高原茶区"。位于米仓山、大巴山以南，红水河、南盘江、盈江以北，神农架、巫山、方斗山、武陵山以西，大渡河以东区域，包括黔、川、渝、滇中北、藏东南等地。是我国地形地势最为复杂的茶区，包括云南、贵州、四川、重庆等省（直辖市）。本区具有立体气候的特征，年平均气温为15～19℃，年降水量为1 000～1 700mm。该区为茶树原产地，是我国最古老的茶区，是茶叶的发源地。区内茶树品种资源丰富，茶树的种类也很多，灌木型、小乔木型、乔木型茶树一应俱全。土壤以黄壤、棕壤、赤红壤和山地红壤为主，土壤有机质含量比其他茶区更丰富。以生产绿、红茶和边销茶为主。

2. 华南茶区

华南茶区又称"南岭茶区"。位于大漳溪、雁石溪、梅江、连江、浔江、红水河、南盘江、无量山、保山、盈江以南区域，包括闽南、粤中南、桂南、滇南、台湾、海南等地。是我国最南茶区，包括南岭以南的广东、海南、广西、闽南和台湾等地。年平均气温为19～22℃，年降水量为1 200～2 000mm，茶年生长期10个月以上，年降水量是中国茶区之最，其中台湾省雨量特别充沛，年降水量常超过2 000mm。有乔木、小乔木、灌木等各种类型的茶树品种。茶区土壤以砖红壤为主，部分地区也有红壤和黄壤分布。该区以生产红茶、乌龙茶为主。还是生产乌龙茶、白茶、六堡茶、花茶等特种茶的重要生产基地。

3. 江南茶区

又称"中南茶区"。种植的茶树以灌木型为主，少数为小乔木型。茶区大多为低丘、低山，只有少数海拔在1km以上的高山，如安徽的黄山，江西的庐山，浙江的天目山、雁荡山、天台山、普陀山等。这些高山，既是名山胜地，又是名茶产地，黄山毛峰、武夷岩茶、庐山云雾、天目青顶、雁荡毛峰、普陀佛茶均产于此。茶园分布于丘陵地带，土壤多为黄壤，部分为红壤。全区基本上属中亚热带季风气候，四季分明，年平均气温为15～18℃，冬季气温一般在-8℃，年降水量为1 400～1 800mm。

4. 江北茶区

江北茶区又称华"中北茶区"。位于长江以北，秦岭、淮河以南，大巴山以东，山东半岛以西区域，包括甘南、陕南、鄂北、豫南、皖北、苏北、鲁东南等地。是我国最北的茶区，地处亚热带北缘，茶区年平均气温为 15~16℃，冬季绝对最低气温一般为 -10℃ 左右。年降水量较少，为 800~1 100mm，且分布不匀，气温低，茶树采摘期短，尤其是冬季，会使茶树遭受寒、旱危害。种植的是灌木型中叶种和小叶种茶树，生态环境和茶树品种均适宜绿茶生产。茶区土壤多属黄棕壤或棕壤，是中国南北土壤的过渡类型。

第二节　发展茶叶产业的重要意义

我国是世界茶叶的发源地，有着悠久的种茶历史和饮茶历史。截至 2016 年，全国 21 个省区市 1 000 多个县市已经发展茶园总面积 4 500万亩（1 亩≈666.7m²，后同），年产量 240 万 t。种茶是弘扬中华茶文化的一个重要途径。

发展茶叶产业是生产健康饮品的需要。茶叶是著名的世界三大饮料之一。经分析，茶叶中含有咖啡碱、单宁、茶多酚、蛋白质、碳水化合物、游离氨基酸、叶绿素、胡萝卜素、芳香油、酶、维生素A原、B族维生素、维生素 C、维生素 E、维生素 P 以及无机盐、微量元素等 400 多种成分。茶叶具有解渴生津、提神醒脑、利尿解毒、延年益寿、抗菌抑菌，抑制动脉硬化、降脂降血压、抗癌抗辐射等多种功效。种茶是生产健康饮品、保护人民身体健康的一个重要途径。

发展茶叶产业是企业增收、农民增效的需要。茶叶产业是一个高效、环保、富民的产业。长期发展证明，茶叶产业不仅具备绿色生态环保，而且产值高效，茶农平均亩产年收入可达到 4 000元以上。与此同时，茶叶为目前山区最稳定的避灾农业，即使在气候恶劣的年份，也不会因为环境的影响而造成较大的影响。同时，借助茶产业的发展，许多县市通过茶旅融合，带动了茶叶和旅游业的双丰收。

第三节 茶叶产业的发展概况

茶叶是来凤县的特色产业之一。2016 年来凤县发展茶园面积 4.2 万亩，其中采摘面积 3.5 万亩，无性系茶园面积 0.6 万亩。2016 年干毛茶总产量 280t，总产值 2 311 万元，其中名优茶总产量 160t，总产值 1 237 万元。主要产品为绿茶，其次有少量红茶和黑茶。其中绿茶产量 110t，总产值 950 万元，红茶产量 18t，总产值 130 万元。

来凤县有 4 个乡镇都产茶，分别为大河乡、三湖乡、旧司、百福寺。茶园主要分布在海拔 600m 的地区。老茶园以群体种为主，近几年新发展的无性系主要品种有龙井 43、金观音、鄂茶 1 号。建有省级茶树品种园一个，面积 40 多亩，收集茶树新品种近百个。

来凤县有加工企业 25 家，其中工商注册额的有 10 家。规模企业 4 家，QS 认证企业 1 家，通过 ISO 质量体系认证 10 家，有出口权的企业 14 家，其中 3 家企业有直接出口权。近几年政府重点以三湖乡"杨梅古镇"为重点打造茶旅融合基地。

第二章 茶树的形态特征及生长环境

第一节 茶树的形态特征

茶树植株是由根、茎、叶、花、果和种子等器官构成。根、茎和叶是营养器官；花、果和种子为生殖器官。根系称为地下部分，其他则称为地上部分，亦称为树冠。根颈是地上、下部的交接处，它是茶树各器官中比较活跃的部分。

茶树的外部形态受生态环境条件的影响，在系统发育过程中会发生变异，但其种性遗传、形态特征及其解剖结构等仍具共同之处。茶树的各个器官是有机的统一整体，彼此之间密切联系，互相依存。

一、根

茶树的根为轴状根系，由主根、侧根、细根、根毛组成（图2-1）。

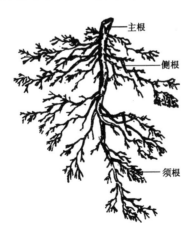

图2-1 茶树根系结构

主根，又称初生根，由种子胚根发育而成的，它垂直向下生长，一般深入1m以上。无性系品种一般无主根。

侧根，又称次生根，从主根上分枝，着生于主根上的统称侧根。

细根，又称吸收根，丛生于侧根周围的细小根，乳白色的质体脆弱的根。

根毛，根伸长期最前沿的毛状体，在细根表面形成密生的根毛区。

茶树的主侧根呈红棕色，寿命长，起固定、贮藏和输导作用。细根和根毛，寿命短，处在不断的衰亡更新之中，是根系吸收水分和无机盐的主要部分。根系在土壤中的形态与分布，受土壤条件、品种、树龄而有显著的差异。根系的生育随年龄而增长，青壮年茶树比幼年或老年茶树分布深和广。一般一年生茶树主根长 20cm；二年生则深达 40cm，水平分布 30cm；三年生深达 55cm，水平达 60cm，垂直且出现两层；四年生深达 70cm，水平达 60cm。

二、茎

茎是联系茶树根与叶、花、果，输送水、无机盐和有机养料的轴状结构，主要包括主干、分枝和当年新枝。它是构成树冠的主体。

茶树的分枝习性有两种形成，即单轴分枝与合轴分枝。按照分枝习性不同，通常把茶树分为乔木型、半乔木（小乔木）型、灌木型 3 种（图 2-2）。

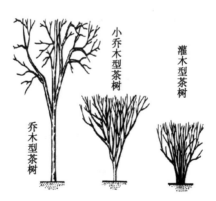

图 2-2　茶树 3 种形态

乔木型：植株高大，有明显的主干。小乔木型：植株中等，基部主茎明显，分枝部位离地较近。灌木型：植株矮小，无明显的主干，分枝部位近地面或从根颈处发出。

树冠是茶树主干以上的全部枝、叶的总称。主茎是由胚芽发育而成的茎。枝条是由叶芽发育而成，初期未木质化的枝条称之为新梢。自然生长的茶树，主枝生长明显，侧枝生长受抑，分枝粗细悬殊，每年生长轮次又少，无法形成整齐密集的采摘面。

根据分枝部位不同，从下至上分为主干枝、骨干枝和生产枝。从主干枝上发生的为一级骨干枝，从一级骨干枝上发生的为二级骨干枝……依次类推。

三、芽

芽是指茶树系统发育过程中产生叶、枝条、花的原始体，是茶树系统发育过程中新梢与花的雏体。发育为枝条的芽称为叶芽或营养芽，发育为花的芽称花芽（图2-3）。

图2-3　茶芽

茶树枝干上的芽按其着生的位置，分为定芽和不定芽。茶树的根、根颈和茎上都可以产生不定芽，这部分芽的萌发是茶树更新复壮的基础。

根据芽的生理状态，分越冬芽（或休眠芽）、活动芽和休止芽。根据芽的性质，可分叶芽和花芽。叶芽展开后形成的枝叶称新梢。根据新梢展叶多少，分一芽一叶梢、一芽二叶梢……。新梢顶芽成休止状的称驻梢，称为"对夹叶"。

茶芽的再生能力——当茶树失去某些部分后，如果环境条件适合，植物体便能恢复其失去部分，直至形成一个新个体的能力。在一定程度上，采掉一批芽能萌发下一批嫩芽，依其特性，采去一个顶芽有更多的芽形成。

四、叶

茶树叶片的可塑性最大，易受各种因素的影响，但就同一品种而言，叶片的形态特征还是比较一致的。因此，在生产上，叶片大小、叶片色泽，以及叶片着生角度等，可作为鉴别品种和确定栽培技术的重要依据之一。

茶树属于不完全叶，有叶柄和叶片，但没有托叶。茶树叶片可分为鳞片、鱼叶和真叶。

鳞片：也称芽鳞，包在茶芽外面的鳞状变态叶。质体比较坚硬，无叶柄，色黄绿或褐色，外表有茸毛和蜡质，有保护幼芽和减少蒸腾失水等作用。越冬芽通常有3~5个鳞片，当芽体膨大开展，鳞片就会很快脱落。

鱼叶：是新梢上抽出的第一片叶子，也称"胎叶"，由于其发育不完全，形如鱼鳞，并因此而得名。一般每梢基部有1片鱼叶，也有多至2~3片或无鱼叶的。

真叶：发育完全的叶片，茶树叶片一般指真叶而言，见图2-4。

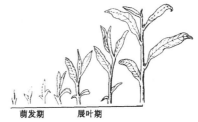

萌发期　　　展叶期

图2-4　茶树真叶的不同形态

真叶的大小、色泽、厚度和形态各不相同，并因品种、季节、树龄、生态条件及农业技术措施等不同而有很大差别。叶片形状有椭圆形、卵形、长椭圆形、披针形、倒卵形、圆形等。其中，以椭圆形和卵形居多。

茶树叶片大小变异很大，叶短的为5cm，长的可达20cm。叶片上的茸毛是茶树叶片形态的又一特征。茸毛多是鲜叶细嫩、品质优良的标志。但茸毛多少与品种、季节和生态环境有关。在同一梢上，茸毛的分布以芽上最多，且密而长，其次为幼叶，再次为嫩叶；随着叶片成熟，茸毛渐稀短而逐渐脱落，一般至第四叶叶片上虽留有痕迹，但已无茸毛可见。

五、花、果实、种子

茶树的花芽由当年生新梢上叶芽基部两侧的数个花原基分化而成。茶花为两性花，微有芳香，色白，少数呈淡黄或粉红色。花的大小不一，大的直径 5～5.5cm，小的直径 2～2.5cm。花由花托、花萼、花瓣、雄蕊、雌蕊 5 个部分组成，故属完全花（图 2-5）。

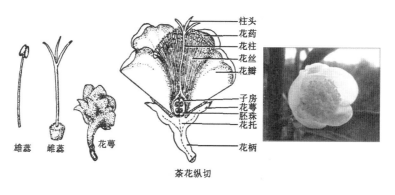

图 2-5　茶花的形态结构

由茶花受精至果实成熟，约需 16 个月，在此期间，同时进行着花与果形成的过程，这种"带子怀胎"也是茶树的特征之一。

茶树果实属于蒴果，果实通常有五室果、四室果、三室果、双室果和单室果等，它是山茶科植物的特征之一。果实的大小因品种而不同，直径一般为 3～7cm。果实的形状呈圆形、近长椭圆形、近三角形、近方形、近梅花形。幼果为绿色，成熟后呈现绿色、紫红色、杂斑色等（图 2-6）。

种子大多数为棕褐色或黑褐色。茶籽的形状有近圆形、半球形、肾形 3 种，其中以近球形居多，半球形次之，肾形仅在西南地区少数品种中发现（图 2-7）。

图 2-6 茶树果实

图 2-7 茶树种子

第二节 茶树的生长环境

茶树原产于我国西南部湿润多雨的原始森林中，在长期的生长发育进化过程中，茶树形成了喜温、喜湿、耐荫的生活习性。凡是在气候温和，雨量充沛，湿度较大，光照适中，土壤肥沃的地方采制的茶叶品质都比较好。

一、土壤条件

1. 土质

茶叶喜酸，种茶土壤要求呈酸性或微酸性，即 pH 值以 4.5~6.5 为宜。含石灰质的碱性土壤不能选用。

2. 土层厚度

要求土层（表、心、底 3 层相加）厚度在 1m 以上，表土层越厚，土壤越肥。

3. 土壤肥力

要求土壤富含有机质，并且通透性良好的壤土和砂壤土，有机质含量在 1.5% 及以上的砂质壤土、红壤、砖红壤或黄壤、紫色土均可。

二、气候条件

茶树生长要求湿润气候，雨量充沛、多云雾、少日照。

1. 温度

茶树生长最适宜的温度在 18～25℃，低于 5℃ 时，茶树停止生长，高于 40℃ 时容易死亡。要求年平均气温 15℃ 以上，年活动积温 5 000～6 000℃。

2. 降雨量及空气湿度

茶树性喜潮湿，需要多量而均匀的雨水，湿度太低或降水量少于 1 500mm，都不适合茶树生长。要求年平均降水量 1 000～2 000mm，月平均降水量 100mm，空气相对湿度 70%～90%。

3. 光照

茶树生长要求的光照以漫射光和散射光为好，雾日多的地块最适宜茶树生长。而山地阳坡有树木荫蔽的茶园，其茶叶品质最佳。

三、海拔及地形条件

海拔高低决定茶叶的好坏。所谓"高山云雾出好茶"，主要是因为云雾笼罩、湿度足够且气压低、日照长，使得茶芽柔嫩、芬芳物质增多，因此醇而不苦涩；另外，紫外光照射多，对茶叶水色及出芽影响极大。但海拔太高茶园容易受冻，一般海拔应在 1 200m 以下。茶地要选择坡度在 30° 以下的山坡或丘陵地。坡向宜选择北面坡或东面坡（图 2-8）。

四、水源条件

茶树喜水又怕水，平地种茶要求地下水位在 1m 以下。土壤含水量在 60%～70%，茶地选择靠河流、水塘，以利于引水抗旱和方便施肥、施药。

图 2-8　高山云雾茶园

五、环保条件

茶叶生产基地，必须远离有害物质污染源的地块。避免因大气、水和土壤污染带来有害物质超标的问题。

第三章　茶树的栽培技术

20 世纪 70—90 年代，来凤县主要推广籽播建园技术和速生密植矮化栽培技术，2004 年后来凤县按照标准茶园创建技术，选用无性系良种，选择在来凤县宜茶区高标准建设了一批无性系茶园，先后发展无性系茶园面积 6 000 多亩。

第一节　园地选择

根据茶树的生长习性，选择在宜茶区进行种植。要求年平均气温 15℃ 以上，年平均降水量 1 000 mm 以上，雾日较多；海拔应在 1 200 m 以下，以 700~800 m 为最佳；坡度在 30° 以下的山坡或丘陵地；壤土、砂壤土或紫色土，呈酸性或微酸性，土层深厚，有机质丰富；水源方便、交通便利，远离有害物质污染源的区域。

第二节　茶园规划

本着"平地和缓坡地宜大、丘陵地宜小"的原则，以道路、林段、自然河流、水沟、分水岭为界线，将环境条件基本一致和种植同一品种集中连片的 50~100 亩茶园规划为一个种植区。

一、种植带的规划

1. 坡度在 15° 以下的缓坡地茶园

实行环山等高开挖种植沟，以后结合茶园田间管理，在行间修筑采茶步道（图 3-1）。

2. 坡度在 15°~30° 的地块

实行等高水平梯地建园，行与行的坡面距离为 2~3 m，开梯后梯面宽度在 1.8~2 m，植茶沟距梯内壁 40~60 cm，并设置内沟外埝，梯面外高内低，成 3°~5° 内倾斜，梯壁呈 60°~70° 倾斜（图 3-2）。

3. 平面茶园

实行等距开挖种植沟种植，行距 1.5~1.8 m。

图 3-1 缓坡茶园   图 3-2 等高水平梯田茶园

二、道路网的规划

1. 主干道

基地或加工厂连接外公路的道路，宽度 6m（图 3-3）。

图 3-3 茶园主干道

2. 支道

连接主道与步道的道路，是运送肥料、鲜叶的道路，宽 4m，可单行一辆货车。

3. 步道

从支道向各茶地块运送肥料、鲜叶的通道，宽 1m，能通人力车、三轮车。也可以说是茶地块之间的间隔道路（图 3-4）。

三、排灌系统的规划

1. 纵沟（也称主沟）

纵沟指汇集和排出横沟、截洪沟、梯面内沟之间的渠道。平地茶园设在道路两旁，坡地茶园应充分利用自然纵沟或顺山坡开设，沟宽 60cm，深 40cm。坡地茶园每隔 5～10 行茶带挖一个沉泥坑，以便沉积泥沙和蓄水（图 3-5）。

图 3-4　茶园步道

图 3-5　茶园纵沟

2. 横沟（也称支沟）

间隔 5~10 行茶带开设一条横沟与纵沟垂直相接，与茶行平行设置，沟宽 50cm，深 40cm。

3. 截洪沟

为防洪蓄水而开设在茶行最顶的一条横沟，沟宽 70cm，深 50cm。

4. 梯面内沟

在梯地内壁开设与纵沟连接的小沟，沟深和宽各 20cm。

此外，还应建立抽水、引水和蓄水系统，修建园内蓄水池和肥水池，蓄水池平均每亩茶园需建 15m³；肥水池平均每亩茶园需建 5m³。

第三节　茶园的开垦

一、平地、缓坡地开垦

1. 清洁茶地

茶园开垦时，先将园地内的灌木丛、树头、树根、碎石、杂草、树枝等清除，将其燃烧。

2. 深耕改土

对土壤进行深耕，土质疏松的可浅些，土质浅薄结实的应深耕 60cm 以上。对于从未深耕的生荒地，应分别初耕和复耕，初耕 60cm，复耕可浅些（图 3-6）。

二、陡坡地开垦

修筑水平梯台，减少冲刷，起到保水、保土作用，同时有利于机械操作和水利灌溉。

图 3-6 茶园机械开垦

梯面等高水平，尽可能做到等高等宽，外埂内沟，梯梯接路，沟沟相通，梯层高度不宜超过 1.8m。

第四节 茶树的种植

一、品种选择

选择适宜本区域生态气候条件的，具有抗病、适制、制优率高等特性的茶树良种。注意品种搭配，选最优 1~2 个品种做基本品种，以早、中品种为宜。

二、种植规格

可实施两种种植模式，双行单株种植或单行单株种植。双行单株种植，大行距 1.5m，小行距 30~35cm，株距 30~35cm。单行单株种植，大行距 1.5m，株距 20~25cm。来凤县目前主要推广双行单株种植方法（图 3-7）。

三、种植时间

定植茶苗要求选择在阴雨天。定植的茶苗，以地上部分处于休眠状态为适宜。出圃茶园苗时，如遇有正在伸长嫩梢的茶苗，应将嫩梢

图 3-7　来凤百福寺双行单株建成的标准茶园

部分剪去再起苗。最佳的定植一般在 10—12 月，或者早春 2—3 月，如果水源条件好，定植后可以随时浇水。

四、种植方法

1. 出圃茶苗管理

出圃茶苗，在定植前不得置于强阳光下，否则会失水干死。如放置或运输时间过长，应经常保持通风，并浇水保持湿润状态。在运输或放置过程中，不得长时间堆压，以免发热红变。

2. 泥浆蘸根

茶苗出圃后在茶苗地旁，用清洁的红壤土或黄壤土搅拌成泥浆，然后将茶苗根部充分蘸匀泥浆，再用薄膜包扎根部后装运。

3. 机械起垄

先用桩绳定好种植行，应用珍珠岩等物质划好线，然后采用起垄机起好垄，覆盖薄膜或不覆盖薄膜均可。之后用小铲锄开挖 10 ~ 15cm 深的种植沟，注意每个种植行必须在同一方向开挖，确保大小行距不变（图 3-8）。

4. 茶苗定植

采用沟植法。茶苗栽入沟中，左手垂直持苗于沟中，使根系保持舒展状态，右手覆土埋去根的一小半，后稍将茶苗向上提动一下，使根系舒展，以右手按压四周土壤，使下部根土紧接。然后埋土填平沟

图 3-8　茶园机械起垄

中，至原来苗期根系土壤位置，适当镇压茶树周围土壤（图 3-9）。

图 3-9　茶苗定植

5. 浇定根水

在雨天定植茶苗，可以不浇定根水。若在晴天定植，应在早上或傍晚阳光较弱时及时浇足定根水。浇定根水后可在茶苗根部周围覆盖一层杂草，以保持土壤湿度。

6. 定型修剪

在茶园出圃前或定植后，须按定型修剪的要求剪除主枝上部，留下 15~20cm（或 3~5 片叶）高度，保留分枝。这样做可以减少叶片水分蒸腾，保证茶苗成活。整个茶苗定植过程，就是围绕保"水"而采取一系列的保水措施，可以说，保水就是保苗。

第五节　幼年茶园的管理

一、浇水抗旱

茶苗定植后第一年内，水源条件好的地块，要经常浇水保苗，可避免茶苗干旱而枯死。一般在气温高于30℃，连续晴7d以上，就需要抗旱保苗了。

二、地面覆盖

在茶苗根部周围，用稻草、秸秆、谷壳或薄膜等将种植部分覆盖，可起到保水保温的作用。1~2年生茶园实行稻草覆盖，可保湿增肥，提高茶苗成活率和增强生长势，提前投产（图3-10、图3-11）。

图3-10　茶园覆盖（谷壳）

图3-11　茶园覆盖（稻草）

三、清除杂草

一是耕锄次数和时间。耕锄次数一年4~5次，一般在每次施肥时进行。二是耕锄除草方法。采用人工除草或者割灌机除草，忌药剂除草，除草时应尽量避免松动茶苗根部土壤，并在茶苗附近适当培土，提高抗旱效果，高温季节一般不提倡用挖锄除草。

四、茶园间作

茶园间作是指在同一茶园内，以茶为主，利用茶树行间空隙种植一种或一种以上其他作物的种植方式，包括茶树与农作物间作、茶果间作、茶胶间作。其中，茶园间作的农作物中，以豆科绿肥和豆科油料作物为主。一亩豆科作物，一般能固定5kg左右纯氮，绿肥又含有较高的有机质，能改善土壤理化性状（图3-12、图3-13）。

图3-12　茶园间作蔬菜

图3-13　茶园间作黄豆

五、补苗

在定植后1~2年内用同品种茶苗将缺苗补齐。

六、树冠培育

幼龄茶园（1~3年）一般需3次定型修剪。第一次在茶苗栽后第一年年底进行，当苗高达30cm时，有1~2个分支，离地15~20cm剪去主枝，侧枝不剪。第二次在栽后第二年底进行，当苗高达50cm时，剪口高度30~40cm。第三次在栽后第三年底进行，当苗高达70cm时，剪口高度45~50cm。前两次用整枝剪，第三次用水平剪。经过3次定型修剪后茶树就进入丰产期，第四次可采取弧形修剪了（图3-14）。

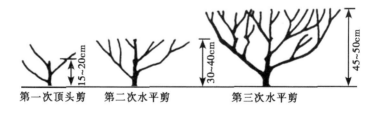

第一次顶头剪　15~20cm　　第二次水平剪　30~40cm　　第三次水平剪　45~50cm

图3-14　幼龄茶园3次定型修剪

七、茶园施肥

1. 幼龄茶树的施肥原则

幼龄茶树施肥，应以有机农家肥和茶叶专用肥为主，少量多次，多元复合，逐年增加。

2. 施肥时期及数量

立春前后，下透雨时施第一次茶叶专用肥，每亩 2.5～5kg；立夏前后施第二次茶叶专用肥，每亩 2.5～5kg；立秋前后施第三次追肥，每亩 2.5kg；霜降节令施基肥，每亩 250～400kg。

3. 施肥方法

条栽茶园多以开施肥沟施，在茶树冠边缘或茶行上方开 15～20cm 深的施肥沟，将肥料均匀施下后盖土至沟满。

第四章 茶树主要病虫害防治技术

茶树病虫害一直是影响来凤县茶叶产业发展的一个重要因素。过去，茶农以化学防治为主，茶园病虫害不但没得到根治，反倒给茶叶质量安全带来极大隐患，茶园生态也受到较大程度的破坏。近几年来，来凤县突出综合防控措施，在重点茶区重点开展了生物防治、物理防治措施，并加强了茶园投入品的管理，取得了一定成效。

第一节 茶园病虫害综合防治技术措施

一、农业防治

通过茶园栽培管理及农艺措施，预防和控制病虫害的发生。

1. 优化茶园生态环境

茶园及其周围的生态环境，决定着茶园生物的多样性和茶园病虫害的发生程度。在良好的生态环境中，生物群落多样性指数高、稳定性好，对有害生物的自然调控能力强，害虫大发生的概率小。如茶园周围植树绿化，改善茶园的生态环境，以创造不利于病虫草害滋生和有利于各种天敌繁衍的环境条件，保持茶园生态平衡和生物群落多样性，增强茶园生态系统的自然调控能力（图4-1）。

图4-1 生态茶园

2. 选择抗性强的品种

不同茶树品种对病虫害具有不同程度的抗性。在发展新茶园或改种换植时，选用的茶树品种应适当考虑对当地主要病虫害的抗性。只有选用对当地主要病虫害有较强抗性的茶树良种，才能从根本上达到减轻这些病虫害危害的目的。在大面积种植新茶园时，要选择和搭配不同无性系品种，以避免某些茶树病虫害大发生。

3. 茶树合理修剪

修剪是培植树冠、更新茶树的重要措施，修剪可清除栖息在茶树上的大量害虫和病源物，同时茶树修剪剪除了茶树绿叶层，减少害虫的食料，对害虫的发生繁衍有较好的控制效果（图4-2）。

图4-2 茶园修剪

4. 茶叶适时采摘

采摘本身是茶叶优质高产的措施，同时通过适时采摘，减少了害虫的食物原料，对病虫害有很好的防控效果。多次分批采摘能明显地抑制假眼小绿叶蝉、茶橙瘿螨、茶跗线虫，茶细蛾、茶蚜、茶芽枯病等对茶树的为害（图4-3）。

图4-3 茶叶适时采摘

5. 茶园中耕除草

土壤是很多害虫越冬越夏的场所。通过冬季深耕，可将害虫及其各种病菌翻入深处，阻止其羽化出土或使其死亡，减少翌年虫口中、病原基数。同时，翻耕可改善土壤的通气状况，促进茶树根系生长和土壤微生物的活动，提高茶树生长势，进而提高茶树的抗性。

茶园浅耕锄草，不仅促进茶树生长，还可以恶化病虫害滋生的环境。对于茶园恶性杂草可通过人工耕除、刈割，并将割锄的杂草就地埋入茶园土中，让其腐烂，以增加土壤肥料、改良土壤性状。一般杂草可不必除尽，保留一定数量的杂草有利于天敌栖息，可调节茶园小气候，改善生态环境。

6. 茶园合理施肥

施肥对茶树病虫害发生有着间接或直接的影响，合理施肥、增施有机肥可促进茶树生长，有助于提高茶树抗病虫害能力。过量使用氮肥或偏施氮肥有助于茶叶螨类、蚧类和茶炭疽病、茶饼病等的发生，而增加磷、钾肥可提高抗病性。施肥要根据土壤理化性质、茶树长势、气候条件等，确定合理的肥料种类、数量和施肥时间，通过测土配方，实施茶园平衡施肥，防止茶园缺肥和过量施肥（图4-4）。

图4-4 茶园重施有机肥

二、物理防治

主要是利用害虫的趋光性、群集性和食性等，通过信息素、光、色等诱杀或机械捕捉控制虫害的发生。

1. 灯光诱杀

利用害虫的趋光性，设置诱虫灯诱杀害虫，从而达到防治害虫的目的。茶树害虫中的鳞翅类目害虫其成虫大多具有趋光性。目前，生产上应用较多的频振式杀虫灯、LED诱虫灯等，选用对天敌相对安全、对害虫有较强的诱杀作用的杀虫灯，并掌握开灯时间，应在主要害虫的成虫羽化高峰期开灯诱杀，以防止杀伤天敌（图4-5、图4-6）。

图4-5　频振式杀虫灯诱杀　　　　图4-6　LED诱虫灯诱杀

2. 色板诱杀

利用害虫对不同颜色的趋性，在田间设置有色黏胶板进行诱杀。目前，生产上用黄素馨色或芽绿色做成的黏胶板用来监测和诱杀叶蝉和粉虱。色板与信息素组合成诱捕器能增加防治效果（图4-7）。

图4-7　茶园色板诱杀

3. 性信息素诱杀

利用害虫异性间的诱惑力来诱杀和干扰昆虫的正常行为，从而达到害虫发生和繁衍的目的。目前，生产上应用人工合成茶毛虫、茶尺蠖等性诱剂，可以用来诱杀相应雄虫，也可以用于害虫的预测测报。

4. 食饵诱杀

利用害虫的趋化性，用食物制作毒饵可以诱杀到某些害虫。常用糖醋诱蛾法。将糖（45%）、醋（45%）和黄酒（10%）按比例调成。放入锅中微火熬成糊状，将少量熬好的糖醋倒入盆钵底部，并涂在盆钵的壁上，将盆钵放在茶园中，略高出茶蓬，引诱卷叶蛾、小地老虎等成虫飞来取食，使其接触糖醋液后粘连致死。

三、生物防治

生物防治目前是茶树病虫害防治的发展方向和重要的绿色防控手段。用食虫昆虫、寄生昆虫、病原微生物或其他生物天敌来控制、降低和消灭病虫害的方法。生物防治对人畜无害，不污染环境，对作物和自然界很多有益生物无不良影响，且对害虫不产生抗性。

1. 保护和利用自然天敌

我国茶树虫害的天敌资源丰富，如绒茧蜂、赤眼蜂、草蛉、蜘蛛（图4-9）、瓢虫（图4-8）、捕食螨和鸟类等。在茶园自然天敌种群中，蜘蛛为最大种群，其数量大，繁殖率高，蜘蛛对假眼小绿叶蝉有较好的控制作用，但是蜘蛛对环境比较敏感，在生态复杂和稳定的茶园内数量较多，对施用化学农药的茶园数量较少。

图4-8 茶园瓢虫　　　　　　　图4-9 茶园蜘蛛

为保护和利用天敌，茶园需要建立良好的生态环境，可在周围种防护林，也可采用茶林间作、茶果间作、幼龄茶园间作绿肥，夏、冬季在茶树行间铺草，均可给天敌创造栖息繁殖的场所，尽量减少化学农药在茶园的使用。

2. 人工释放天敌

人工大量繁殖和释放天敌，可以有效地补充田间自然天敌种群，既对害虫有较好的防治效果，又不对环境造成污染。例如，在茶橙瘿螨等害螨数量上升期释放捕食螨（胡瓜钝绥螨）；防治茶蚜，按瓢蚜比1：250的比例人工释放异色瓢虫、七星瓢虫。

3. 施用生物农药

（1）真菌治虫：白僵菌、韦伯座孢菌等对鳞翅目、鞘翅目等害虫有一定的防治效果。如球孢白僵菌871粉虱真菌剂对黑刺粉虱、小绿叶蝉、茶丽纹象甲有较好的防控效果。

秋季封园防治病虫害效果十分显著，可明显减少第二年病虫害发生。既能防治螨类、蚧类、粉虱类等茶树害虫，又能杀卵和防治煤烟病等多种茶树病害，投入成本较低，如石硫合剂（图4-10）。

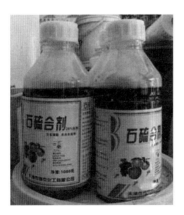

图4-10 石硫合剂

（2）病毒治虫：目前茶树害虫上发现的病毒有数十种，由于病毒保存时间长，有效用量低，防效高，专一性强，不伤害天敌及具有扩散和传代作用，对茶园生态系统没有副作用，成为一项很有前途的生物防治技措施。生产上应用较多的核型多角体病毒（图4-11）。使用时应选择阴天进行，一般每年喷施一次即可。

图4-11 核型多角体病毒

四、化学防治

化学农药防治仍然是茶树病虫草害防治的重要手段，尤其是病虫草害暴发时，显得尤为重要，具有不可替代的作用，但农药带来的负面效应也不可忽视。

茶叶是一种特殊的传统饮料，鲜叶不经洗涤直接加工成成品，饮用者又经多次冲泡，所以对农药的使用有着严格的要求。

1. 科学使用农药

根据防治对象，选用农药种类，化学农药由于化学成分及作用机理的不同，不同类别的害虫及同种害虫在不同发育阶段，对同一化学农药表现的敏感程度截然不同。农药的作用方式主要有触杀、胃毒、内吸、熏蒸等作用。具体选用时，应根据不同的防治对象合理选药。

2. 掌握适期施药

"适期"是指害虫对农药最敏感的发育阶段，此时施药易收到较好防效。掌握适期施药是提高农药的防治效果、降低农药使用量、减少周年喷药次数和降低防治费用的关键。要认真做好茶园病虫害发生情况的调查，加强病虫害的预测预报。比如：假眼小绿叶蝉应在发生高峰前期，且若虫占总虫量的80%以上时施药；尺蠖类、毒蛾类、卷叶蛾类、刺蛾类害虫，应在幼虫3龄前施药；介壳虫、粉虱类害虫，应在其卵孵化盛末期施药；叶螨类应在田间出现重害状之前，且幼虫、若螨占多数时施药。

3. 按照防治指标确定施药地点

害虫的防治指标是一种经济指标，当田间害虫数量达到一定程度时，其危害造成的经济损失与人们采用化学农药防治一次的工本相等时，此时的田间虫量即为此虫的防治指标。从根本上克服了"见虫就治"或"治虫不计成本"的偏向，体现了农药防治目的是控制主要害虫危害，并非是消灭某一害虫。

4. 农药的合理混用

农药的合理混用，是在农业害虫防治中经常采用的一种措施。混用的目的是为了增效、兼治、无药害，而不是盲目地将两种或几种农药加在一起。经混用后能提高防治效果，减少农药用量，或对已产生抗药性的害虫能获得良好的防治效果。且喷一次药能同时防治几种害虫，以减少周年的喷药次数，节省工本支出。农药混合使用若大面积推广，应事先做小区试验，观察防治对象的药效和对作物的安全性，同时观察农药混用后有无不良理化反应。

5. 遵守安全间隔期

农药的安全间隔期，是指最后一次施药至收获农作物前的时期，即自喷药到残留量降至允许残留量所需时间。在农业生产中，最后一次喷药与收获之间的时间必须大于安全间隔期，不允许在安全间隔期内收获作物。农药的安全间隔期，是控制茶叶中农药残留的一项关键措施。

6. 轮换使用农药

农药连续使用后，目标病虫会逐渐对该类农药产生适应性而表现出抗性，导致药效下降、用药量增加。轮换使用农药是延缓害虫产生抗药性的有效措施，一般每年使用一类农药次数不超过2次。

在化学防治时，特别要注意的是：所选用的农药品种必须是已在茶树使用上获得登记，出口茶叶基地用药还需要参照茶叶进口国农药残留限量的标准的高低值选用。

第二节　茶园主要病虫害识别与防治

一、茶园主要虫害发生规律及防治技术

1. 假眼小绿叶蝉

假眼小绿叶蝉又称叶跳虫（图4-12），是来凤县各茶区发生最普遍、为害最严重的一种虫害。该虫成虫淡绿至黄绿色，会跳跃。以成虫和若虫刺吸茶树嫩梢汁液为害茶树，造成芽叶失水萎缩，枯焦，严重影响茶叶产量和品质。一年发生9~11代，以成虫在茶丛中越冬，开春后当日平均气温达10℃以上时，越冬成虫开始产卵繁殖。一般有两个虫口高峰，第一虫口高峰自5月中下旬至7月上中旬，以6月虫量最多，主要为害夏茶。第二个虫口高峰自8月中旬至11月上旬，以9—10月虫量多，主要为害秋茶。它以针状口器刺入茶树嫩梢及叶脉，吸取汁液。

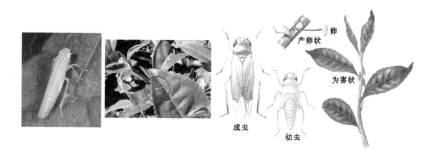

图4-12　假眼小绿叶蝉

防治措施：①及时勤采；②保护茶园蜘蛛等天敌；③用茶蝉净750倍液防治；④10月下旬用0.7~1波美度的石硫合剂进行冬季清园。

2. 茶尺蠖

又称拱拱虫（图4-13）。以幼虫残食茶树叶片，低龄幼虫为害后形成枯斑或缺刻，3龄后残食全叶，大发生时可使成片茶园光秃。其生活习性为一年发生5~6代，以蛹在茶树根际土壤中越冬，翌年2月下旬至3月上旬开始羽化。幼虫发生为害期以4月上、中旬至7月上旬发生频繁，一年中以夏秋茶为害最重。

图 4-13 茶尺蠖

防治措施：①保护天敌；②轻修剪；③成虫盛发期利用黑光灯诱杀；④3 龄前应用茶尺蠖核型多角体病毒喷雾防治。

3. 茶毛虫

又称毒毛虫、痒辣子，浑身披满毒刺（图 4-14）。主要为害茶树，严重时可食尽叶片，枝条光秃。一年发生 2 代，以卵块越冬，翌年 4 月中旬越冬卵开始孵化，各代幼虫发生期分别为 4 月中旬至 6 月中旬、7 月下旬至 9 月下旬。幼虫 3 龄前群集，成虫有趋光性。低龄幼虫多栖息在茶树中下部成叶背面，取食下表皮及叶肉，2 龄后食成孔洞或缺刻，4 龄后进入暴食期，严重发生时也可使成片茶园光秃。

图 4-14 茶毛虫

防治措施：①秋冬季清园；②成虫羽化期用信息素或灯光诱杀；③应用茶毛虫核型多角体病毒防治。

4. 茶橙瘿螨

又称茶刺叶瘿螨（图 4-15）。成若螨刺吸茶叶汁液，它吸取茶树汁液，使受害芽叶失去光泽，叶脉发红，叶片向上卷萎缩，严重时造成芽叶干枯，叶背并有褐色锈斑，影响茶叶产量和质量。该虫虫态混杂、世代重叠，一年可发生10多代。各虫态均可在成、老叶越冬，其卵散产于嫩叶背面，尤以侧脉凹陷处居多。气温18~26℃最适于其生长繁殖，一般全年有两个为害高峰，第一次发生于5月下旬至6月，第二次高峰在7—8月发生。

图4-15 茶橙瘿螨

防治措施：①及时分批采摘；②秋末结合清园用0.5波美度石硫合剂封园；③用24%帕力特1 500倍液进行蓬面叶背喷雾防治。

二、茶园主要病害发生规律及防治技术

1. 茶饼病

为低温高湿病害，来凤县各茶区发生最普遍的一种病害。嫩叶上初发病为淡黄色或红棕色半透明小点，后渐扩大并下陷成淡黄褐色或紫红色的圆形病斑，直径为2~10mm；叶背病斑呈饼状突起，并生有灰白色粉状物，最后病斑变为黑褐色溃疡状，偶尔也有在叶正面呈饼状突起的病斑，叶背面下陷。叶柄及嫩梢被感染后，膨肿并扭曲，严重时，病部以上新梢枯死（图4-16）。全年在4—5月、9—10月为发病高峰期。在海拔600m的茶区发生较重。

防治措施：①勤除杂草，加强修剪和茶园通风透光，适当增施磷、钾肥；②茶园冬季用0.3~0.5波美度的石硫合剂封园；③用1 000亿/g枯草芽孢杆菌600倍液进行防治。

图 4-16　茶饼病

2. 茶炭疽病

为高温病害，主要为害成叶和老叶。病斑多自叶缘或叶尖，开始成水渍状暗绿色，圆形，后渐扩大，成不规则形，并渐呈红褐色，后期变灰白色，病健分界明显（图 4-17）。病斑上生有许多细小、黑色突起粒点，无轮纹。其发病通常在多雨年份，在一年中以霉雨和秋雨期间发生较多。同时，偏施氮肥的茶园中也易发生。该病害在龙井 43 号茶树品种发生较多。

图 4-17　茶炭疽病

防治措施：①加强茶园管理，做好积水茶园的开沟排水；②秋冬季清园；③增施磷钾肥及有机肥；④茶园冬季用 0.3~0.5 波美度的石硫合剂封园。

3. 茶白星病

主要症状：为低温高湿型病害，主要侵害幼嫩芽梢。嫩叶被侵染后，初生针头状褐色小点，周围有黄色晕圈，后渐扩大成圆形病斑，直径在 0.3~2mm，边缘有紫褐色隆起线，中央呈灰白色，上生黑色小粒点，后期数个或百个病斑融合成不规则大斑。叶片常畸形扭曲，易脱落。嫩茎上的病斑与叶片上相似。气温 16~24℃，相对湿度高于80%易发病。全年在春、秋两季发病，5 月是发病高峰期。高山及幼龄茶园或缺肥贫瘠茶园、偏施过施氮肥易发病，采摘过度、茶树衰弱的发病重（图 4-18）。

防治措施：①加强茶园管理，增施磷钾肥及有机肥，强壮树势；发病严重时进行轻修剪；②秋冬季清园；③茶园冬季用 0.3~0.5 波美度的石硫合剂封园，或用 500 倍的百菌清喷雾。

图 4-18　茶白星病

第五章　茶叶采收、加工技术

第一节　茶叶采收

茶叶采摘是茶叶加工的开始，茶叶鲜叶采摘时间、采摘质量是加工高品质茶叶的重要因素之一。

茶鲜叶理化性状主要表现在3个方面：嫩度、匀净度和新鲜度。

嫩度：它是指芽叶伸育的成熟程度。随着茶树的新陈代谢和营养器官的生长发育，芽叶从营养芽伸育并逐渐增大，伸展叶片；随着芽叶的成长，叶片逐渐增加，芽逐渐变小，最后完成一个生长期形成驻芽。随后叶片成熟，叶肉组织厚度相应增厚，叶片逐渐老化。一般情况下，鲜叶幼嫩，制茶品质好，鲜叶粗老，制茶品质差；生产上鲜叶采摘，要根据茶树特性、外界条件及技术措施，进行合理的采摘。

匀净度：鲜叶匀净度是指同一批鲜叶质量的一致性，即鲜叶老嫩是否匀齐一致，它是反映鲜叶质量的一个重要标志。对于制茶，无论哪种茶类都要求鲜叶匀净好，如匀度不好，老嫩混杂，制茶技术就无法保证制出品质优良的茶叶。影响鲜叶净度因素很多，如采摘不合理、茶园品种混杂、鲜叶运送和鲜叶管理不当等，都会造成老嫩叶混杂、雨露水叶与无表面水叶子混杂、不同品种鲜叶混杂和进厂时间不同的叶子混杂，匀净度不高。

新鲜度：是指鲜叶保持原有理化性质的程度。鲜叶采下来脱离茶树后，就存在着内含物的转化。随着水分不断散失，鲜叶内的各种酶的作用逐渐加强、内含物质不断分解和转化而消耗减少。一部分可溶性物质转化为不溶性物质、水浸出物减少，使制出的茶叶香低味淡、影响品质。而且这种转化随时间的延长而逐渐加强。内含有效物质消耗越多。环境温度越高，转化越快，干物质消耗越大。

一、采收时间

来凤县地处江南茶区，茶季在4—10月。每季茶开采的迟早，采期的长短，除受自然条件影响外，与茶树品种特性和栽培技术也有密切关系。在自然因子中，气温和降水起主导的作用，而在栽培技术中，除采摘技术影响外，修剪技术、肥水管理关系较为密切。

来凤县春茶的开采期，主要受早春气温的影响，一般3月平均气温较高时，开采期就早。早春进行轻修剪的，一般开采期要相应推迟，剪得越重越迟，影响越大。开采期宜早不宜迟，以略早为好，特别是春茶。采用手工采摘的，春季当茶蓬上有10%~15%的新梢达到采摘标准时，夏秋茶有10%左右的新梢达到采摘标准时，就要开采。采用机械采摘的，春季有70%~80%的新梢达到采摘标准，夏秋季有60%左右新梢达到采摘标准时，为适宜开采期。

二、采收工具

茶为净物，应天时地利而生，采茶尤其要谨慎小心，不能伤其色味。这就要有适宜的采茶器具。

来凤县产竹子，取材方便、价格低廉。用竹子编成的篓子，通风透气，鲜茶叶短时间堆积其中也不会因为温度升高导致发热变质。而且竹篓的质量轻便。无论肩背手提，茶农都会非常省力。虽然现今采茶已经从手工采摘过渡到机械采摘，但竹器依然是茶农采茶时的必备工具（图5-1）。

图5-1　采茶用的各种茶篓

三、采收方法

合理采摘是指在一定的环境条件下，通过采摘技术，借以促进茶树的营养生长，控制生殖生长，协调采与养、量与质之间的矛盾，从而达到多采茶、采好茶，提高茶叶经济效益的目的。其主要的技术内容，可概括为标准采、留叶采。

1. 标准采

标准采指按一定的数量和嫩度标准来采摘茶树新梢。成品茶的品质，除受加工技术左右外，主要是由鲜叶原料的质量决定的。一般说，采摘细嫩的芽叶，内质好，但重量轻，产量低；而采摘粗老的芽叶，重量重，产量较高，但内质差。也就是说，茶叶产量的高低，品质的优劣，权益的多少，一定程度上是由采摘标准决定的。所以在生产实践中，合理制订并严格掌握采摘标准，是非常重要的。

我国茶类众多，品质风格各异，对鲜叶采摘标准的嫩度要求，差别很大，其中名优茶类，采制精细，品质优异，经济价值高，是我国茶叶生产的一大优势。名优茶类对鲜叶的嫩度和匀度要求大多较高，很多只采初萌的壮芽或初展的一芽一、二叶。这种细嫩采摘标准，产量低，花工大，季节性强，多在春茶前期采摘。来凤县名优茶也采取细嫩采摘这种标准（图5-2）。

图5-2　标准采的单芽、一芽一叶

2. 留叶采

留叶采指在采摘芽叶的同时，把若干片新生叶子留养在茶树上，这是一种采养结合的采摘方法，具有培养树势、延长采摘期和高产期的功效，是合理采摘的中心环节。

茶树在年生育周期中，留叶过多过少都是不适宜的。过多的留叶，虽可使茶树树冠长得高大广阔，但却导致树冠郁闭，叶片重叠，发芽稀，花果多，经济产量较低。如留叶过少，短期内可促使早发芽，多发芽，获得较高的产量，但茶树生理机能逐渐衰退，茶树未老先衰，后期产量急剧下降。

在科学实验中，多以叶面积指数，即单位面积上茶树叶面积总量与土地面积的比值，来衡量留叶的适宜度。研究结果表明，茶树适宜的留叶范围，叶面积指数在 2~4。其中壮龄茶树适宜的叶面积指数为3~4，老年茶树叶面积指数 2~3 时产量较高。留叶数量以树冠的叶子相互密结，见不到枝干为适度。

留叶采摘方法很多，大体可归纳为打顶采摘法、留真叶采摘法和留鱼叶采摘法 3 种。

打顶采摘法亦称打头采摘法，适宜新梢展叶 5~6 片叶子以上，或新梢即将停止生长时，摘去一芽二、三叶，留下基部鱼叶及三、四片以上真叶，一般每轮新梢采摘 1~2 次。采摘要领是采高养低，采顶留侧，以促进分枝，培养树冠。这是一种以养树为主的采摘方法。

留真叶采摘法亦称留大叶采摘法。是当新梢长到一芽三、四叶或一芽四、五叶时，采去一芽二、三叶，留下基部鱼叶和一、二片真叶。留真叶采摘法又因留叶数量多少、留叶时期不同，分为留一叶采摘法、留二叶采摘法、夏季留叶采摘法等多种。这是一种既注意采摘，也注意养树，采养结合的采摘方法。

留鱼叶采摘法是当新梢长到一芽一、二叶或一芽二、三叶时，采下一芽一、二叶或一芽二、三叶，只把鱼叶留在树上，这是一种以采为主的采摘法。在生产实践中，应根据树龄树势、气候条件，以及产制茶类等具体情况，选用不同的留叶采摘方法，并组合运用，才能取得良好的效果。

同时，按照采收方式又分为手工采收和机械采收两种方式。

1. 手工采收

采摘鲜茶讲究技法。基本的采茶技法分为"掐采""提手采""双手采"等。

掐采：又称折采，细嫩茶叶的标准采摘包括托顶、撩头等。

提手采：标准采摘手法，即掌心向下，用拇指和食指夹住鱼叶上的嫩茎，向上轻提，芽叶折落掌心。

双手采：茶树有理想的树冠、采摘面平整的，适合用双手采，可提高效率50%～100%，熟练的采茶人喜欢这种采法。

采摘时不可一手捋，否则会伤害芽叶的完整性，放入竹篓中不可紧压；鲜叶要放在阴凉处，堆放时不可重压。

2. 机械采收

机械采收茶叶能大大提高生产效率。我国对采茶机的研究始于20世纪50年代末期，近60年来，研制并提供了生产上试验、试用的多种机型。以动力形式分，有机动、电动和手动3种。以操作形式分，有单人背负手提式、双人抬式两种。一般，单人往复切割式采茶机（图5-3），二人操作，台时产量达50～75kg鲜叶，可比人工采摘提高工效10倍以上。双人抬往复切割式采茶机（图5-4），三人操作，台时产量达200～300kg，可比人工采摘提高工效30倍以上。

图5-3　单人采茶机

实行机械采茶是降低茶叶生产成本，提高经济收益的一条有效途径。但茶树经连续几年机械采摘后，新梢密度迅速增加，密集于树冠表层，展叶数逐渐减少，叶层变薄，生长势削弱的速度要比手工采摘快。需通过深修剪和加强肥培管理来解决。机采初期，对茶叶产量影响较大，机采1～2年后，影响转小，甚至没有影响，已形成采摘面的茶园影响小，未形成采摘面的茶园影响大；对春茶影响大，而对夏

图5-4 双人采茶机

秋茶反有增产效果。机采鲜叶容易漏采，在机采初期，采用机采和手采相结合的采摘方法，效果很好。

第二节 茶叶加工技术

中国制茶历史悠久，从唐至今，经历了从饼茶到散茶、从绿茶到多茶类、从手工操作到机械化制茶的巨大变迁。中国茶类之多，制茶技术之精湛，堪称世界之最。各种茶类的品质特征的形成，除茶树品种和鲜叶原料的影响之外，加工条件和制茶方法是重要的决定因素。

鉴于绿茶、红茶是来凤县的主要茶类，本节主要对这两类茶的加工技术进行介绍。

一、名优绿茶——毛尖茶加工技术

来凤县名优绿茶多以鄂茶1号、龙井43、群体重等品种制作毛尖茶类而成，因优良的品质得到越来越多消费者的喜欢。毛尖茶类主要工艺流程为鲜叶摊放、杀青、揉捻、打毛火、理条、烘干等。

1. 摊放

摊放是名优绿茶加工前必不可少的处理工序。鲜叶摊放作用是促进鲜叶内含成分的转化，促进鲜叶水分的散失，有利于控制杀青时茶锅的温度，提高杀青的质量，使得最终的成品茶颜色更为绿黄新鲜。

毛尖茶鲜叶细嫩，摊放要注意：一是鲜叶要摊放在软匾、篾席或专用的摊放设备上。二是鲜叶摊放时，应根据采摘时间的不同、鲜叶老嫩度、晴天雨天采摘的鲜叶的不同，要分开摊放。比如：晴天可以适当厚摊，以防止鲜叶失水过多；雨天采摘的鲜叶水分含量多，鲜叶应适当薄摊，延长摊放的时间，以便加速散发水分。三是摊放的鲜叶，要避光摊放。四是鲜叶摊放过程中，薄厚要均匀，尽量减少翻动。五是一般当鲜叶发软，芽叶舒展，水分散发，清香透露即可，说明摊放的时间够了。摊放时间一般在8~12h（图5-5）。

图5-5　摊放

2. 杀青

杀青主要目的是高温钝化鲜叶酶活性，保持茶鲜叶本色。主要采用滚筒杀青机杀青，滚筒内壁温度控制在260~280℃，时间为2~3min（图5-6）。

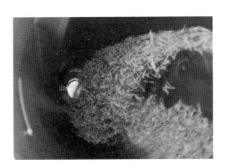

图5-6　滚筒杀青

3. 揉捻

揉捻是形成毛尖茶品种的关键工艺。揉捻的目的有二：其一，促进茶叶内质成分的转化，形成良好的滋味；其二，使芽叶紧卷成条，增进外形美观。由于鲜叶原料较细嫩，揉捻方法以轻揉轻压为主，揉捻时间一般控制在 30~60min（图5-7）。

图5-7　揉捻

4. 打毛火

采用平台烘干机或翻板式烘干机进行初烘，初烘温度为120℃，时间为 3~5min，目的是初步去除揉捻叶表面的水分，使茶坯揉入理条机中不粘锅。

5. 理条

鲜叶经初烘后，采用多功能机理条，先快后慢，叶温从烫逐步降到比较热，锅内温度逐步降低。投叶量 100~150g/槽，锅内温度 120~150℃，用时 10~15min，待条索挺直、紧结时出锅摊凉（图5-8）。

图5-8　理条

6. 烘干

干燥的目的是为了继续蒸发茶叶中的水分，使茶叶的干燥度达到95%以上，一是为了防止茶叶因为有水分而发酵变质，二是因为充分的干燥可以使茶叶发挥更好的香味。

毛尖茶烘干通常采用履带式烘干机或五斗式烘干机烘干，前者适用于量大的干燥，后者是量小的干燥（图5-9）。

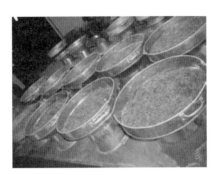

图 5-9　五斗式烘干机烘干

烘干过程分为初烘：烘干机温度 100~120℃，时间 10min；摊凉15min。复烘：温度 80~90℃；低温长烘 70℃左右。期间有个摊凉回潮的过程，即烘叶摊于软匾上，进行摊凉回潮，使茶叶内部水分重新分布均匀。干燥程度为水分含量低于 6.5%，干燥后经冷却即为成品（图5-10）。

图 5-10　毛尖茶产品

二、功夫红茶加工技术

我国的红茶包括功夫红茶、红碎茶和小种红茶。它们的制法，大同小异，都有萎凋、揉捻、发酵、干燥四个工序。各种红茶的品质特点都是红汤红叶，色香味的形成都有类似的化学变化过程，只是变化的条件、程度上存在差异而已。

功夫红茶制造分初制和精制两个阶段，初制分鲜叶验收和管理、萎凋、揉捻、发酵及干燥。制成红条茶后，送售精制厂，经筛分、风选、拣剔、复火、拼装等工序制成功夫茶成品。工艺复杂，费时费工，技术性强，功夫红茶也因此得名。

来凤县功夫红茶多以金观音、群体种等品种制作而成，目前以初制产品为主，主要工艺流程如下。

1. 鲜叶验收与管理

嫩度是衡量鲜叶品质的重要因子，是评定鲜叶等级的主要指标，它将决定毛茶的等级。一般细嫩的鲜叶，叶质肥厚柔软，制成毛茶条，索紧细锋苗好、色泽纯润、汤色较亮，香味浓爽醇厚，叶底红匀艳亮。

从茶树上采摘的离体鲜叶，要及时送至初制厂，以保持鲜叶的新鲜，在运输及贮藏过程中不能紧压，不能造成机械损伤。鲜叶存放过久，运输中踩压，会使鲜叶发生红变，将严重地损害品质。

2. 萎凋

萎凋是红茶初制的第一道工序，也是形成红茶品质的基础工序。萎凋的目的，其一是蒸发部分水分，使叶梗变软，便于揉捻成条；其二是促进茶梢中的内含物质的一系列化学变化，为形成茶色香味的特定品质，奠定物质变化的基础。

功夫红茶的萎凋程度，一般以萎凋叶的含水量为指标，在大生产中，萎凋分重萎凋、中度萎凋、轻萎凋 3 种。其中以中度萎凋最佳，其鲜叶含水量为 60%~62%，此时叶片柔软，摩擦叶片无响声，手握成团，松手不易弹散，嫩茎折不断，叶色由鲜绿变为暗绿，叶面失去光泽，无焦边焦尖现象，并且有清香。

萎凋方法有自然萎凋、萎凋槽萎凋、连续式自动萎凋机 3 种。目前3种方法都有使用，其中来凤县茶叶企业多采用萎凋槽加温萎凋，萎凋时间相对较短，设备造价低（图5-11、图5-12）。

图5-11　自然萎凋

图5-12　萎凋槽萎凋

3. 揉捻

揉捻是形成功夫红茶品质的第二道工序。揉捻的目的有3个：其一，破坏叶细胞组织，使茶汁揉出，便于在酶的作用下进行必要的氧化作用；其二，茶汁溢出，黏于条表增进色香味浓度；其三，使芽叶紧卷成条，增进外形美观（图5-13）。

图 5-13　揉捻

揉捻方法一般视萎凋叶的老嫩度而异，一般来说嫩叶揉时宜短，加压宜轻；老叶揉时宜长，加压宜重；轻萎叶适当轻压；重萎叶适当重压；气温高揉时宜短，气温低揉时宜长。加压应掌握轻、重、轻原则，先空揉 5min 再加轻压；待揉叶完全软再适当加以重压，促使条索紧结，揉出茶汁，待揉盘中有茶汁溢出，茶条紧卷，再松压。

揉捻时间一般控制在 60~90min。揉捻适度的标志为茶叶紧卷成条无松散折叠现象；以手紧握茶坯，有茶汁向外溢出，松手后茶团不松散，茶坯局部发红，有较浓的青草气味。

4. 发酵

红茶的发酵是指将揉捻叶按一定厚度摊放于特定的发酵盘中，茶坯中化学成分在有氧的情况下继续氧化变色的过程。揉捻叶经过发酵，从而形成红茶红叶的品质特点。

红茶发酵设备主要是发酵室（图 5-14）或发酵机（图 5-15）。发酵温度一般由低至高，然后再降低。发酵时间以春茶 8~10h，夏茶 6~8h 为宜。当叶温平稳上升并开始下降时即为发酵适度。叶色由绿变黄绿而后呈绿黄，待叶色开始变黄红色，即为发酵适度的色泽标志。从香气来鉴别，发酵适度应具有熟苹果味，使青草气味消失。若带馊酸味则表示发酵已经过度。

5. 干燥

干燥的工序，是将发酵好的茶坯，采用高温烘焙，迅速蒸发水分

图 5-14　红茶发酵室

图 5-15　红茶发酵机

到保质干度的过程。干燥的目的有 3 个：其一，利用高温迅速地钝化各种酶的活性，停止发酵，稳定茶叶品质；其二，蒸发茶叶中的水分，保证足干；其三，获得红茶特定的甜香。

干燥一般分为两次：第一次称为毛火，第二次称足火。一般毛火温度为 105℃，摊叶厚度为 1.5~2cm，时间为 12~16min，茶坯含水量为 18%~25%，下机后摊凉 30min 左右。足火温度较低，一般 90~95℃，摊叶厚度为 2~2.5cm，时间为 12~16min，茶坯含水量为 5%~6%足火后立即摊凉，使茶坯温度降至略高于室温时，装袋装箱（图5-16、图 5-17）。

图 5-16　红茶两次烘干

图 5-17　功夫红茶产品

编写：梁金波　戴居会　罗　鸿　田　青

黑猪产业

第一章 概 述

第一节 黑猪的起源

黑猪是由野猪驯化而来的。直到今天，有野猪出没的山区，在繁殖季节野猪常与家猪混群交配，并能产生正常后代，这是个明证。但是中国家猪起源于何种野猪，尚存争议。

世界上野猪可以分为两大类：亚洲野猪（即印度野猪）和欧洲野猪。亚洲野猪从鼻尖到颊部有白色条纹，其泪骨短而低，呈正方形；欧洲野猪的泪骨呈长方形。而中国四川猪种的泪骨呈狭长形或三角形，恰恰符合欧洲野猪类型。根据更新世洞穴中出土的野猪骨骼化石资料作不完全统计，发现欧洲野猪分布很广，共有15省、自治区、直辖市，几乎东、西、南、北、中都有。进入到新石器时代出土的野猪骨骼材料，如陕西西安半坡、江西万年仙人洞、安阳殷墟、浙江嘉兴马家滨等遗址，经鉴定均属于欧洲野猪。我国已发现的野猪，就其分布、类型和驯化了的后裔，可归纳如下：华南野猪，台湾野猪，华北野猪，东北白胸野猪，矮野猪，乌苏里野猪，蒙古野猪，新疆野猪，均属于欧洲野猪的不同亚种。

人类驯化野猪的时代——新石器时代，迄今未发现欧洲野猪以外的任何野猪化石；今天所有野猪均系欧洲野猪的不同亚种，将古今观点结合起来研究，可以证明中国家猪起源于欧洲野猪。

第二节 我国的主要黑猪品种

一、八眉猪（又称泾川猪、西猪，包括互助猪）

产地（或分布）：中心产区主要分布于甘肃、宁夏回族自治区（以下简称宁夏）、陕西、青海、新疆维吾尔自治区（以下简称新疆）、内蒙古自治区（以下简称内蒙古）等省（区）。

主要特性：头狭长，耳大下垂，额有纵行"八"字皱纹，故名

"八眉"，分大八眉、二八眉和小伙猪三种类型，二八眉介于大八眉与小伙猪之间的中间型。被毛黑色。生长发育慢。大八眉成年公猪平均体重104kg，母猪体重80kg；二八眉公猪体重约89kg，母猪体重约61kg；小伙猪公猪体重81kg，母猪体重56kg。公猪10月龄体重40kg配种，母猪8月龄体重45kg配种。产仔数头胎6.4头，3胎以上12头。肥育期日增重为458g，瘦肉率为43.2%，肌肉呈大理石条纹，肉嫩，味香。

二、黄淮海黑猪（包括淮猪、莱芜猪、深州猪、马身猪、河套大耳猪）

产地（或分布）：黄河中下游、淮河、海河流域，包括江苏北部、安徽北部、山东、山西、河南、河北、内蒙古等省区。

主要特性：包括淮河两岸的淮猪（江苏省的淮北猪、山猪、灶猪，安徽的定远猪、皖北猪，河南的淮南猪等）、河北的深州猪、山西的马身猪、山东的莱芜猪和内蒙古的河套大耳猪。以下介绍以淮猪为例。体型较大，耳大下垂超过鼻端，嘴筒长直，背腰平直狭窄，臀部倾斜，四肢结实有力，被毛黑色，皮厚毛粗密，冬季密生棕红色绒毛。淮猪成年公猪体重140.6kg，母猪体重114.9kg，头胎产仔9~10头，经产仔13头，日增重为251g。深州猪成年公猪体重为150~200kg，母猪为100~150kg，头胎产仔10.1头，经产仔12.8头，高水平营养日增重434g，屠宰率72.8%。马身猪成年公猪体重为121~154kg，母猪为101~128kg，初产仔10.5~11.4头，经产仔13.6头，肥育期日增重为450g，瘦肉率40.9%。莱芜猪成年公猪体重为108.9kg，母猪138.3kg，初产仔10.4头，经产仔13.4头，肥育期日增重为359g，屠宰率为70.2%。河套大耳猪：成年公猪体重149.1kg，母猪为103kg，初产8~9头，经产仔10头，肥育期日增重为325g，屠宰率为67.3%，瘦肉率44.3%。

三、宁乡猪（又称草冲猪或流沙河猪）

产地（或分布）：湖南省宁乡县。

主要特性：体型中等，头中等大小，额部有形状和深浅不一的横行皱纹，耳较小、下垂，颈粗短，有垂肉，背腰宽，背线多凹陷，肋骨拱曲，腹大下垂，四肢粗短，大腿欠丰满，多卧系，撒蹄，群众称"猴子脚板"，被毛为黑白花。按头型分3种类型：狮子头、福字头、阉鸡头。平均排卵17枚，3胎以上产仔10头。肥育期日增重为368g，饲料利用率较高，体重75~80kg时屠宰为宜，屠宰率为70%，膘厚4.6cm，眼肌面积18.42cm^2，瘦肉率为34.7%。

四、湘西黑猪（包括桃源黑猪、浦市黑猪、大合坪猪）

产地（或分布）：湖南省沅江中下游两岸。

主要特性：体质结实，分长头型和短头型，额部有深浅不一的"介"字形或"八"字形皱纹，耳下垂，中躯稍长，背腰平直而宽，腹大不拖地，臀略倾斜，四肢粗壮，卧系少，被毛黑色。成年公猪体重113.3kg，母猪为85.3kg。性成熟较早，公猪4~6月龄配种，母猪3~4月龄开始发情，初产仔6~7头，经产仔11头。肥育期日增重为280~300g，屠宰率73.2%，眼肌面积21.5cm^2，腿臀比例24.2%，瘦肉率为41.6%。

五、金华猪（又名两头乌猪、金华两头乌猪）

产地（或分布）：原产于浙江省金华市东阳县，分布于浙江省义乌、金华等地。

主要特性：体型中等偏小，耳中等大。下垂不超过嘴，颈粗短，背微凹，腹大微下垂，臀部倾斜，四肢细短，蹄坚实呈玉色，皮薄、毛疏、骨细。毛色中间白两头乌。按头型分大、中、小3型。成年公猪体重约112kg，母猪体重约97kg。公、母猪一般5月龄左右配种，3胎以上产仔13~14头。肥育期日增重约460g，屠宰率为71.7%，眼肌面积19cm^2，腿臀比例30.9%，瘦肉率43.4%。有板油较多，皮下脂肪较少的特征，适于腌制火腿。

六、太湖猪（包括二花脸猪、梅山猪、枫泾猪、嘉兴黑猪、横泾猪、米猪、沙乌头猪）

产地（或分布）：主要分布长江下游江苏、浙江和上海交界的太湖流域。

主要特性：体型中等，各类群间有差异，梅山猪较大，骨骼较粗壮；米猪的骨骼较细致；二花脸猪、枫泾猪、横泾猪和嘉兴黑猪则介于二者之间。头大额宽，额部皱褶多，耳特大，软而下垂，被毛黑或青灰。成年公猪体重 128～192kg，母猪体重 102～172kg。繁殖力高，头胎产仔 12 头，3 胎以上 16 头，排卵数 25～29 枚。60d 泌乳量 311.5kg。日增重为 430g 以上，屠宰率为 65%～70%，二花脸瘦肉率 45.1%。眼肌面积 15.8cm^2。

七、荣昌猪

产地（或分布）：主产于重庆市荣昌县和四川省隆昌县。

荣昌猪体型较大，结构匀称，毛稀、鬃毛洁白、粗长、刚韧。头大小适中，面微凹，额面有皱纹，有漩毛，耳中等大小而下垂，体躯较长，发育匀称，背腰微凹，腹大而深，臀部稍倾斜，四肢细致、坚实，乳头 6～7 对。绝大部分全身被毛除两眼四周或头部有大小不等的黑斑外，其余均为白色；少数在尾根及体躯出现黑斑。按毛色特征分别被称为"金架眼""黑眼膛""黑头""两头黑""飞花"和"洋眼"等。其中，"黑眼膛"和"黑头"占一半以上。荣昌猪具有耐粗饲、适应性强、肉质好、瘦肉率较高、配合力好、鬃质优良、遗传性能稳定等特点。在保种场饲养条件下，荣昌猪成年公猪体重（170.6±22.4）kg、体长（148.4±9.1）cm、体高（76.0±3.1）cm、胸围（130.3±8.5）cm，成年母猪体重（160.7±13.8）kg、体长（148.4±6.6）cm、体高（70.6±4.0）cm、胸围（134.0±8.0）cm。第一胎初产仔数（8.56±2.3）头，3 胎及 3 胎以上窝产仔数（11.7±0.23）头。

第三节　黑猪产业的发展概况

一、来凤县黑猪产业的发展概况

恩施黑猪的主产区来凤县，位于恩施州西南部，辖 8 个乡镇（区），203 个村，武陵山余脉横贯全境，酉水由北向南流经全境，气候湿润，雨量充沛，属大陆性湿润季风山地气候，平均温度 15.8℃，平均海拔 680m，境内物产丰富，盛产粮油、红薯等农产品，为黑猪产业发展提供了优质的饲料资源。

恩施黑猪是我国优良、我省知名的地方品种。2012 年，恩施黑猪肉获得国家地理标志产品保护。随着国民经济发展、人民生活改善，大量恩施黑猪与外来引入品种杂交，使得纯种恩施黑猪存栏量大幅下降，保种形势严峻。因此加强恩施黑猪的保种工作已迫在眉睫。来凤县当前积极出台政策，鼓励发展，并引进了武汉天之力科技有限工资、北京兴宜科技有限公司等，大力发展"公司加+合作社+农户"的发展模式，有力促进了黑猪产业的发展，达到能繁母猪存栏 2 000 头，年出栏肥育猪 3 万头。"十三五"期间拟发展 10 个 5 000 头的养殖小区，并带动周边散户发展"161"饲养模式（即建一栋栏圈，饲喂 6 头能繁黑母猪，年出栏 100 头肥育猪），力求达到年出栏 15 万头的生产能力，真正发展成当地脱贫致富的特色产业。

二、发展黑猪产业的重要意义

恩施黑猪是经过几千年人工饲养选育出的优良地方品种，具有耐粗饲、抗病性好、母性好、营养价值高等特点，曾为当地养殖业的发展和改善人民生活做出了重要贡献。但由于近些年外来良种的引进并大规模养殖，而恩施黑猪品种的保种选育工作相对滞后，导致了整个恩施黑猪养殖产业的衰退，即将造成优良种质资源的濒危。所以当前发展地方特色恩施黑猪产业具有深远意义。

恩施黑猪产业的发展是保护地方优良黑猪品种，对促进黑猪品种的选育提高、保留优质遗传基因，避免品种单一性、充分发挥杂交优势提供前提和基础。

恩施黑猪产业的发展是利用本地优质恩施黑猪资源，因地制宜，充分发挥地方特色优势，对打造民族品牌，地方特色品牌，为品牌注入历史人文内涵，提高产品附加值的重要途径。

恩施黑猪产业的发展对维持人类食品多样性，增强人体健康有重要作用。恩施黑猪是适应当地环境气候的地方品种，具有耐粗饲、食源性广泛、饲养周期相对较长等特点，所以当地饲养的恩施黑猪猪肉具有营养丰富，富含各种矿物元素特别是硒元素，对人类健康有益。

第二章　黑猪的形态特征分布及饲养环境

第一节　黑猪的形态特征

恩施黑猪原名鄂西黑猪。1980年被列为"湖川山地猪"的一个类群，1985年和2004年相继被载入第一、第二版《湖北省家畜家禽品种志》。2009年被列入湖北省畜禽遗传资源保护名录。2011年国家畜禽资源委员会同意将"鄂西黑猪"改名为"恩施黑猪"，仍作为"湖川山地猪"的一个类群列入《中国遗传资源志·猪志》。

恩施黑猪被毛黑色，结构匀称。依其体格大小分为大型猪（图2-1）、中型猪（图2-2）和小型猪（图2-3）。

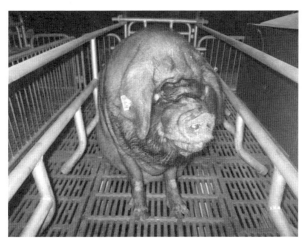

图2-1　狮子头

小型猪，当地称为"狗头猪"，皮薄骨细，主要分布于恩施市石窑、建始县官店、巴东县马眠等地。大型猪，当地称为"狮子头猪"质较疏松，皮肤皱襞多而深，生长早期增重较慢，肥育后期蓄脂力

图 2-2 二眉猪

图 2-3 狗头猪

强，主要分布在鹤峰县。中型猪，当地称为"二眉猪"，头稍长，额有似眼眉的两道粗深皱襞，数量最多（占恩施黑猪的 2/3 以上），质量最优（《湖北省家畜家禽品种志》，第二版），主要分布在咸丰县。恩施黑猪虽有 3 种不同类型，但基本的体型外貌是相似的。

恩施黑母猪平均体高 60.89cm，体长 122.62cm，胸围 106.24cm，体重 94.53kg，母猪一般在 90~120 日龄第一次发情，发情周期 18~22d，持续 3~5d，发情征候明显，一般在发情后的 18~36h 开始排卵。适宜配种时间为初产母猪在发情后的 2~3d，经产母猪在发情后 1.5~2d。妊娠期平均为 114d（预产期计算为月份加 4、日期减 6、再减大月数、过二月加 2），窝均产仔数一般为 10~12 头。产后在哺乳期发情者较少见，一般在仔猪断奶后 5~7d 发情配种。恩施黑公猪体高 73.4cm，体长 137.2cm，胸围 121.3cm，体重 162.4kg，公猪性成熟较早，有的公猪在 55 日龄，体重 14kg 左右，即有爬跨、射精等性行为出现，一般 10~12 月龄配种适宜，利用年限达 3~5 年。公猪的射精量平均为 119.5mL，密度 1.64 亿，活力 0.88，pH 值 7.25。

恩施黑猪的肥育性能较好，按南方饲养标准饲养，240 日龄活重达 92kg，肥育期平均日增重 509.13g，每千克增重消耗可消化蛋白 559.70g，消化能 60.2MJ，混合料 3.6kg，青饲料 3.75kg；在农村饲养，9 月龄活重可达 90kg，肥育期平均日增重 401.7g，每千克增重消耗可消化蛋白 337.08g，消化能 52.3 MJ，混合料 3.9kg，青饲料 4.1kg。

第二节 黑猪的分布及饲养环境

恩施黑猪的中心产区在湖北省恩施土家族苗族自治州的咸丰县，恩施、建始、巴东、鹤峰、利川、宣恩、来凤等市县亦有较广泛分布，毗邻宜昌市的某些县也有分布。

恩施黑猪长期生活在山区，在以青粗饲料为主和精料为辅的饲喂条件下，能正常生长繁殖，抗逆性强。恩施黑猪的饲养地，位于武陵山山区地形，海拔 300～2 000 m，分布有成片的巴东红三叶、白三叶、山豆根、野豌豆、杂灌木等组成的天然植被。以酉水河及山涧溪流为饮水。恩施黑猪的饲料条件：以本地生产的玉米、杂豆、马铃薯、红苕等为补饲原料，也广泛利用当地野草、树叶、橡子作为饲料，允许在仔猪阶段补饲适量的蛋白质、矿物质饲料。一般较为经济的饲养方式为饲草喂养，养猪应选择鲜嫩、多叶、蛋白质含量高、适口性好的饲草。恩施富硒黑猪的饲养方式：放牧加舍饲（即恩施黑猪在育肥前充分利用本地自然资源实行白天放牧，夜晚舍饲补料的方式，俗称此阶段为"吊架子"），如图 2-4 所示。

图 2-4　放养猪

恩施黑猪的圈舍条件：规模场猪舍具有良好的保温、隔热、通风换气和卫生条件，散户猪舍一般就地取材，保障冬暖夏凉，相对简单，成本廉价，但卫生防疫条件较差，应逐步改进。

第三章　黑猪的繁殖技术

第一节　种猪选择

一、符合品种特征

首先选择的种猪应该具备本品种的基本特征，如恩施黑猪的毛色、体型、耳型等。值得注意的是，选择二元母猪应重点考虑生殖器官发育、乳头数量及肢体发育情况，其次才考虑体型。

二、生殖器官发育正常

外生殖器是种猪的主要性征，要求种猪外生殖器发育正常，性征表现良好。公猪睾丸要大小一致、外露、轮廓鲜明且对称的垂于肛门下方。母猪阴户发育良好，颜色微红、柔软，外阴过小预示生殖器发育不好和内分泌功能不强，容易造成繁殖障碍。

三、乳头发育良好

选择乳头发育良好、排列均匀、有效乳头数本地恩施黑猪6对以上，二元母猪7对以上。正常乳头排列均匀，轮廓明显，有明显的乳头体。异常乳头包括内翻乳头、瞎乳头、发育不全的小赘生乳头、距腹线过远的错位乳头。内翻乳头指乳头无法由乳房表面突出来，乳管向内，形成一个坑而阻止乳汁的正常流动。瞎乳头是指那些没有可见的乳头或乳管。

四、肢蹄无异常无损伤

选择无肢蹄损伤和无肢蹄异常的种猪，要求如下：四肢要正直，长短适中，左右距离大，无"X"形、"O"形等不正常肢势，行走时前后两肢在一条直线上，不宜左右摆动。蹄的大小适中、形状一致，蹄壁角质坚滑、无裂纹。

五、体躯结构合理

种猪的体躯结构在某种程度上会遗传给下一代猪。种猪颈、头及与躯干结合良好，看不出凹陷。头过小表示体质细弱，头过大则屠宰率低，故头大小适中为宜。颈部是肉质最差的部位之一，但因为颈部与背腰是同源部位，颈部宽时，个体的背腰也就宽，一般应选择颈清瘦的种猪。种公猪的选择除考虑体质健壮，生长发育良好，能充分发挥其品种的性状特征，膘情适中，性机能旺盛等因素外，养殖户如果购买 9 月龄以上的公猪，可要求猪场采精，进行精液品检。

第二节　发情鉴定技术

一、母猪发情的生理周期

性成熟的健康母猪每隔 17~21d 发情一次，每次发情持续 2~3d。青年母猪 7~8 月龄可初配，经产母猪将仔猪哺乳到 1 个月断奶后 7d 开始发情。要想做到适时配种还必须掌握母猪发情后的排卵规律。一般母猪在发情后 19~36h 排卵，卵子在生殖道内存活 8~12h。精子进入母猪生殖道游动至输卵管的受精部位需要 2~3h，因此，给母猪授精配种的适宜时间应在排卵前 2~3h，即在发情后的 17~34h。

二、鉴别母猪发情的方法

（一）时间鉴定法

发情持续时间因母猪品种、年龄、体况等不同而有差异。一般发情持续 2~3d，在发情后的 24~48h 配种容易受胎。老龄母猪发情时间较短，排卵时间会提前，应提前配种；青年母猪发情时间长，排卵期相应往后移，宜晚配，中年母猪发情时间适中，应该在发情中期配种。所以母猪配种就年龄讲，应遵照"老配早，少配晚，不老不少配中间"的原则。

（二）精神状态鉴定法

母猪开始发情对周围环境十分敏感，兴奋不安，食欲下降、嚎叫、拱地、拱门、两前肢跨上栏杆、两耳耸立、东张西望，随后性欲趋向旺盛。在群体饲养的情况下，爬跨其他猪，随着发情高潮的到来，上述表现愈来愈频繁，随后母猪食欲由低谷开始回升，嚎叫频率逐渐减少，呆滞，愿意接受其他猪爬跨，此时配种为宜。

（三）外阴部变化鉴定法

母猪发情时外阴部明显充血，肿胀，而后阴门充血、肿胀更加明显，阴唇内黏膜随着发情盛期的到来，变为淡红或血红，黏液量多而稀薄。随后母猪阴门变为淡红、微皱、稍干，阴唇内黏膜血红开始减退，黏液由稀转稠，时常粘草，吊于阴门外，此时应抓紧配种。

（四）爬跨鉴定法

母猪发情到一定程度，不仅接受公猪爬跨，同时愿意接受其他母猪爬跨，甚至主动爬跨别的母猪，如图3-1所示。用公猪试情，母猪表现兴奋，头对头地嗅闻；当公猪爬跨其后背时，则静立不动，此时配种适宜。

图3-1　发情母猪

（五）按压鉴定法

用手压母猪腰背后部，如母猪四肢前后活动，不安静，又哼叫，这表明尚在发情初期，或者已到了发情后期，不宜配种；如果按压后母猪不哼不叫，耳张前倾微煽动，四肢叉开，呆立不动，弓腰，尾根摆向一侧，这是母猪发情最旺的阶段，是配种旺期。农民常说的"按压呆立不动，配种百发百中"就是这个道理。

第三节　适时配种技术

做好母猪的适时配种工作，不仅可防止母猪的漏配，而且可以提高母猪的繁殖力，进而提高养猪的经济效益。

一、发情期判断

母猪到了配种月龄和体重时，应固定专人每天负责观察饲喂，注意观察比较母猪外阴的变化，如果母猪阴户比往常大些并红肿，人进圈时有的猪主动接近人，说明母猪已开始发情。饲养员还可用手摸母猪外阴阴道进行鉴别，如果是干的，说明猪未发情；如有液体但无滑腻感，说明是尿液；如有滑腻感还能牵起细丝，才是阴道黏液，说明母猪发情了，要及时组织配种。

二、配种时机的掌握

发情一天后，阴户开始皱缩，呈深红色，外阴黏液由稀薄变黏稠，由乳白色变为微黄色，当出现压背呆立、摸后躯举尾的现象时就可以配种。上述现象一般出现在发情的第二天。

三、选择适宜的配种方法

只要发情鉴定准确，使用人工授精或自然交配均可使母猪怀孕。由于初配母猪的发情和适时配种技术不易掌握，最好用试情公猪进行自然交配。初配以后再进行人工授精，可大大提高母猪的配种率。一般一个情期可进行两次配种，以间隔 8~12h 为宜。

第四节　人工授精技术

猪的人工授精技术是养猪生产中经济有效的技术措施之一，其最大的优点是减少猪群种公猪的饲养量，增加优良公猪的利用机会。猪的人工授精技术主要包括采精、检验、稀释、分装、保存、运输及输精等过程。

一、采精

（一）准备好采精所需的器物

包括采精台、集精杯、分装瓶、纱布、胶手套、玻棒、显微镜、量杯、温度计、稀释液等，并对相关的器物进行消毒以备用。

（二）采精应在室内进行

采精室应清洁无尘，安静无干扰，地面平坦防滑。将公猪赶进采精预备室后，应用40℃温水洗净包皮及其周围，再用0.1%高锰酸钾溶液擦洗、抹干。采精员穿戴洁净的工作衣帽、长胶鞋、胶手套。

（三）采精方法

主要用手握采精法。采精时，采精员站于采精台的右（左）后侧，当公猪爬上采精台后，采精员随即蹲下，待公猪阴茎伸出时，用手握住其阴茎龟头，用力不易过猛，以防公猪不适，但要抓住螺旋部分，防止阴茎滑脱和缩回，抓握阴茎的手要有节奏的前后滑动，以刺激射精。当公猪充分兴奋，龟头频频弹动时，表示将要射精。公猪开始射精时多为精清，不宜收集，待射出较浓稠的乳白色精液时，应立即以右（左）手持集精杯，放在稍离开阴茎龟头处将射出的精液收集于集精杯内。集精杯可以稍微倾斜，当射完第一次精后，刺激公猪射第二次，继续接收，但最后射出的稀薄精液，可以放弃收集，待公猪退下采精台时，采精员应顺势用左（右）手将阴茎送入包皮中。不得粗暴推下或抽打公猪。

二、精液检查

公猪的射精量，一般为 150~250mL，正常精液的色泽为乳白色或灰白色，云雾状，略有腥味，显微镜下检查，精子密集均匀分布，死精和畸形精子少，且呈直线前进运动者为佳。

三、精液稀释

葡萄糖稀释液（葡萄糖 5g，蒸馏水 100mL）。葡萄糖-柠檬酸钠-卵黄稀释液（葡萄糖 5g、柠檬酸钠 0.5g 蒸馏水 100mL、卵黄 5mL）。上述稀释液按配方先将糖类、柠檬酸钠等溶于蒸馏水中，过滤后蒸气消毒 20min，取出凉至 30~35℃时，加入卵黄，然后以每 100mL 加入青霉素、链霉毒各 5 万 U，搅拌均匀备用。稀释精液时，稀释液温度应与精液温度相等，温度应在 18~25℃。精液稀释应在无菌室内进行，将稀释液缓慢沿杯壁倒入精液中慢慢摇匀。稀释后，每毫升精液应含有效精子 1 亿尾。一般稀释 1.5~2 倍。

四、精液的分装、贮存、运输

（一）分装

精液稀释后，取样检查活力，合格者才能分装。分装时，将精液倒入有刻度值的分装瓶中，一般每瓶分装 20mL。分装完后，即将容器密封，贴上标签（包括品种、等级、密度、采精日期等）。

（二）贮存

精液分装后，避光贮存，在温度10~15℃条件下贮存。一般保存有效时间为2~3d。

（三）运输

贮精瓶用毛巾、棉花等包裹，装入10~15℃冷藏箱中运输，注意填满空隙，防止受热、振动和碰撞。

五、输精

首先将精液从冷藏箱取出至恢复常温，冬天适度加温至与体温相近，并用生理盐水将外阴洗净，用玻璃注射器吸取精液，再将它连接胶管，并排出胶管内的空气，然后把输精胶管从母猪阴户缓慢插入，动作要轻，一般以插入30~35cm为宜，并慢慢按压注射器柄，精液便流入子宫，如图3-2所示。

图3-2　人工授精

注射时，最好将输精管左右轻微旋转，用右手食指按摩阴部，增加母猪快感，刺激阴道和子宫的收缩，避免精液外流，若精液外流严重，应将胶管适当回拉再输精，输完精后，把输精管向前或左右轻轻转动停留5min，然后轻轻拉出输精管。

第五节　杂交优势的利用

生猪杂交产生的杂种猪，往往在生活力、生长势和生产性能等方面一定程度上优于纯繁群体，这就是生猪的杂交优势现象。杂种优势的利用已日益成为发展现代生猪生产的重要途径，我国在杂交优势利用方面正由"母猪本地化，公猪良种化，肉猪一代杂种化"的二元杂交向"母猪一代杂种化，公猪高产品系化，商品猪三元杂交化"的三元杂交方向发展。这是一个适合猪的生产特点，广泛利用杂种优势，充分发挥增产潜力的方法。

杂交优势主要取决于杂交用的亲本群体及其相互配合情况。如果亲本群体缺乏优良基因，或亲本纯度很差，或两亲本群体在主要经济性状上基因频率无多大差异，或在主要性状上两亲本群体所具有的基因其显性与上位效应都很小，或杂种缺乏充分发挥杂种优势的饲养管理条件，都不能表现出理想的杂种优势。由此可见，生猪杂种优势利用需要有一系列配套措施，其中主要包括以下 3 项关键技术。

一、杂交亲本种群的选优与提纯

这是杂交优势利用的一个最基本环节，杂种必须能从亲本获得优良的、高产的、显性和上位效应大的基因，才能产生显著的杂种优势。"选优"就是通过选择使亲本种群原有的优良、高产基因的频率尽可能增大。"提纯"就是通过选择和近交，使得亲本种群在主要性状上纯合子的基因型频率尽可能增加，个体间差异尽可能减小。提纯的重要性并不亚于选优，因为亲本种群愈纯，杂交双方基因频率之差才能愈大。纯繁和杂交是整个杂交优势利用过程中两个相互促进、相互补充、互为基础、互相不可替代的过程。

选优提纯的较好方法是品系繁育。其优点是品系比品种小，容易选优提纯，有利于缩短选育时间，有利于提高亲本群体的一致性。更能适应现代化生猪生产的要求。如我国的新淮猪、关中黑猪、小梅山猪等都是可利用的优良生猪品系。

二、杂交亲本的选择

杂交亲本应按照父本和母本分别选择，两者选择标准不同，要求也不同。

（一）母本的选择

应选择在本地区数量多、适应性强的品种或品系作为母本，因为母本需要的数量大，应选择繁殖力高、母性好、泌乳力强的本地主要饲养品种或品系作母本，根据当地实际主要以本地优质恩施黑母猪为母本。

（二）父本的选择

应选择生长速度快、饲料利用率高、胴体品质好、与杂交要求类型相同的品种或品系作为父本。具有这些特性的一般都是经过高度培育的品种，如长白猪、大约克夏猪、杜洛克猪等。

三、杂交组合选择

杂交的目的是使各亲本的基因配合在一起，组成新的更为有利的基因型，猪的杂交方式有多种，下面介绍我国目前常用的 2 种杂交方式。

（一）二元杂交

又称简单杂交，是利用 2 个品种或品系的公、母猪进行杂交，杂种后代全部作为商品育肥猪。优点：简单易行后代适应性较强，因此这是我国应用广泛的一种杂交方式。缺点：母系、父系均无杂种优势可以利用。因为双亲均为纯种，而杂种一代又全部用作育肥。二元杂交仔猪如图 3-3 所示。

图 3-3　二元杂交仔猪

（二）三元杂交

三元杂交是从二元杂交所得的杂种一代中，选留优良的个体作母本，再与另一品种的公猪进行杂交。第一次杂交所用的公猪品种称为第一父本，第二次杂交所用的公猪称为第二父本。优点：能获得全部的后代杂种优势和母系杂种优势，既能使杂种母猪在繁殖性能方面的优势得到充分发挥，又能利用第一和第二父本生长性能和胴体品质方面的优势。

第四章　黑猪的饲养管理

第一节　饲养技术

一、母猪饲养技术

母猪的饲养管理在生猪的养殖中至关重要，它关系到仔猪的健康状况、养殖规模大小、出栏量和猪场效益等多个方面。母猪的管理大致可分为后备母猪的管理、妊娠母猪的管理、哺乳母猪的管理3个阶段。

（一）后备母猪的饲养管理

选择高产、母性好母猪产的后代，同胎至少有10头，仔猪初生重1kg以上；乳头达6对以上，发育良好且分布均匀；体型匀称、体格健全；无特定病原病，如无萎缩性鼻炎、气喘病、猪繁殖与呼吸综合征等的优质仔猪作为后备母猪培养。

外购后备母猪，要在无疫区的种猪场选购，先隔离饲养至少45d，购入后第一周要限饲，待适应后转入正常饲喂，并按进猪日龄，分批次做好免疫注射、驱虫等。

做好后备母猪发情鉴定并记录，将该记录移交配种舍人员。母猪发情记录从6月龄时开始。仔细观察初次发情期，以便在第二至三次发情时及时配种。后备母猪如图4-1所示。

为保证后备母猪适时发情，可采用调圈、合圈、成年公猪混养的方法刺激后备母猪发情；对于接近或接触公猪3~4周后，仍未发情的后备猪，要采取强刺激，如将3~5头难配母猪集中到一个留有明显气味的公猪栏内，饥饿24h、互相打架或每天赶进一头公猪与之追逐爬跨（有人看护）刺激母猪发情，必要时用中药或激素刺激；若连续3个情期都不发情则淘汰。

小群饲养，每圈3~5头（不超过10头），每头占圈面积至少1.5m^2，以保证其肢体正常发育。

图4-1　后备母猪

配种前一段时期按摩乳房，刷拭体躯，建立人猪感情，使母猪性情温顺，好配种，产仔后好带仔，便于日常管理。

（二）妊娠母猪的饲养管理

母猪配种后，从精卵结合到胎儿出生，这一过程称为妊娠阶段。母猪的妊娠期一般为112~116d，平均114d。在饲养管理上，一般分为妊娠初期（20d前）、妊娠中期（20~80d）和妊娠后期（80d以上）。掌握妊娠母猪饲养管理技术，才能保证胎儿正常发育、母猪产仔多、体况好、胎儿少流产，青年母猪还要维持自身生长发育的需要。妊娠母猪如图4-2所示。

图4-2　妊娠母猪

对于断乳后膘情较差的经产母猪和精料条件较差的地区，采取"抓两头、顾中间"的管理方式。一头是在母猪妊娠初期和配种前后，加强营养；另一头是抓妊娠后期营养，保证胎儿正常发育；顾中间就是妊娠中期，可适当降低精饲料供给，增加优质青饲料。

步步高的饲养方式。此方式适用于初产母猪和哺乳期间发情配种的母猪，适用于精料条件供应充足的地区和规模化生产的猪场。在初产母猪的妊娠中，后期营养必须高于前期，产前一个月达到高峰。对于哺乳期配种的母猪，在泌乳后期不但不应降低饲料供给，还应加强，以保证母猪双重负担的需要。

前粗后精的饲养方式。此种方式适用于配种前体况好的经产母猪。在妊娠前期可以适当降低营养水平。近年来，普遍推行母猪妊娠期按饲养标准限量饲喂、哺乳期充分饲喂的办法。

妊娠母猪每天的饲喂量，在有母猪饲养标准的情况下，可按标准的规定饲喂。在无饲养标准时，可根据妊娠母猪的体重大小，按百分比计算。一般来说，在妊娠前期喂给母猪体重的 1.5%～2.0%，妊娠后期可喂给母猪体重的 2.5%。妊娠母猪饲喂青绿饲料，一定要切碎，然后与精料掺拌一起饲喂。精料与粗料的比例，可根据母猪妊娠时间递减。饲喂妊娠母猪的饲料，应含有较多的干物质，不能喂得过稀。

妊娠母猪的管理除让母猪吃好、睡好外，在第一个月和分娩前10d，要减少运动，圈内保持环境安静，清洁卫生。经常接近母猪，给母猪刷拭，不追赶、不鞭打、不挤压、不惊吓、冬季防寒、夏季防暑，猪舍内通风干燥。

妊娠母猪饲料不要喂带有毒性的棉籽饼、酸性过大的青贮料、酒糟以及冰冷的饲料和饮水，注意给妊娠母猪补充足够的钙、磷，最好在日粮中加 1%～2% 的骨粉或磷酸氢钙。群养母猪的猪场，在分娩前分圈饲养，防互相争食或爬跨造成流产。

（三）哺乳母猪的饲养管理

哺乳母猪每天喂 2～3 次，产前 3d 开始减料，渐减至日常量的1/3～1/2，产后 3d 恢复正常饲喂，自由采食直至断奶前 3d。喂料时若母猪不愿站立吃料，应赶起。产前产后日粮中加 0.75%～1.5% 的电解质、轻泻剂（维力康、小苏打或芒硝）、可适当增加优质麸皮的喂量，以预防产后便秘、消化不良、食欲不振，夏季日粮中添加1.2%的碳酸氢钠可提高采食量。

产前 7d 母猪进入分娩舍，保持产房干燥、清洁卫生，并逐渐减少饲喂量，对膘情较差的可少减料或不减料；临产前将母猪乳房、阴部清洗，再用 0.1% 的高锰酸钾水溶液擦洗消毒；产后注射一针青霉素 400 万 U、链霉素 300 万 U，防治产期疾病。

母猪在分娩过程中，要有专人细心照顾，接产时保持环境安静、清洁、干燥、冬暖夏凉，严防产房高温，若有难产，通常用催产素肌肉注射，若 30min 后还未产出，则要进行人工助产；母猪产后最好做子宫清洗及注射前列腺素（在最后产仔 36～48h 一次性肌肉注射 PGF2α 2mL），以帮助恶露排出和子宫复位，也有利于母猪断奶后再发情。

母猪产仔当天不喂饲料，仅喂麸皮食盐水或麸皮电解质水，一周内喂量逐渐增加，待喂量正常时要最大限度增加母猪采食量；饲喂遵循"少给勤添"的原则，严禁饲喂霉变饲料；在泌乳期还要供给充足的清洁饮水，防止母猪便秘，影响采食量。

要及时检查母猪的乳房，对发生乳房炎的母猪应及时采取措施治疗。

母猪断奶前 2～3d 减少饲喂量，断奶当天少喂或不喂，并适当减少饮水量，待断奶后 2～3d 乳房出现皱纹，方能增大饲料喂量，这样可避免断奶后母猪发生乳房炎。

二、公猪饲养技术

种公猪的好坏对整个猪群影响很大，俗话讲"母猪好，好一窝；公猪好，好一坡"，因此公猪的饲养对猪场至关重要。一般情况下，采用本交，每头公猪可负担 50～60 头母猪配种任务，一年可繁殖仔猪 1 000 头；采用人工授精，每头公猪一年可配 500 头母猪。

根据品种特性选择具有优良性状的种公猪个体。一般要求公猪品种纯，睾丸大、两侧对称，乳头 7 对以上，体躯健壮而灵活，膘情中等，后躯发达，腹线平直而不下垂。

外购种公猪，要在无规定疫病和有《动物防疫条件合格证》的猪场选购，公猪调回后，先隔离饲养，5～7 日内不能过量采食，待完全适应环境后，转入正常饲喂，并做好防疫注射和寄生虫的驱除工作。

加强公猪运动，每天定时驱赶和自由运动 1~2h；每天擦拭一次，有利于促进血液循环，减少皮肤病，促进人猪亲和，切勿粗暴哄打，以免造成公猪反咬等抗性恶癖；利用公猪躺卧休息机会，从抚摸擦拭着手，利用刀具修整其各种不正蹄壳，减少蹄病发生。

公猪配种前要先驱虫，注射乙脑、细小病毒、猪瘟三联、链球菌、圆环等疫苗。

后备公猪要进行配种训练，后备公猪达 8 月龄，体重达 90kg，膘情良好即可开始调教。将后备公猪放在配种能力较强的老公猪附近隔栏观摩、学习配种方法；第一次配种时，公母大小比例要合理，防止公猪跌倒或者母猪体况差、体重小被公猪压伤；正在交配时不能推公猪，更不能打公猪。

青年公猪 2d 配种一次，成年公猪每天配种一次，采精一般 2~3d 采一次，5~7d 休息 1d；配种时间，夏季在一早一晚，冬季在温暖的时候，配种前后 1h 不能喂饮，严禁配种后用凉水冲洗躯体；公猪发烧后，一个月内禁止使用。

防止公猪热应激，做好防暑降温工作，天气炎热时应选择在早晚较凉爽时配种，并适当减少使用次数，经常刷拭冲洗猪体，及时驱除体内外寄生虫，注意保护公猪肢蹄。

公猪在配种季节要加大蛋白质饲料的饲喂量，如优质的豆粕、鱼粉、蚕蛹等，并保证青绿饲料、钙磷、维生素 E 的供给量，以保证精液品质和公猪体况。

三、仔猪饲养技术

饲养管理好乳仔猪是搞好养猪的生产基础。仔猪培育工作的成败，既关系着养猪生产水平的高低，又对提高养猪经济效益、加速猪群周转，起着十分重要的作用。哺乳仔猪饲养得好，仔猪成活头数就多，母猪的平均年生产率就高。

（一）仔猪的生长和生理特点

仔猪生长发育快，产后 7~10d 内体重可增加一倍，30d 内，体重可增加 5 倍以上，由于生长发育快，体内物质沉积多，对营养物质在数量和质量的需求很高；又因为仔猪初生缺乏先天免疫力，要尽快让其吃到初乳增强抵抗力，还可以在出生 4~10d 分两次注射牲血素；仔猪对外界环境和气候变化适应性低，自体调节能力弱，要注意防寒保暖；仔猪消化器官功能尚不健全，胃液、胆汁分泌不足，消化酶的分泌还不平衡，对乳汁中的营养吸收尚可，对来自外界补充的营养物质消化吸收能力极差。因而在饲养过程中，要尽快让其适应外来营养，仔猪在出生后 7d，刚好长出牙齿，喜欢啃东西，此时补充一些高蛋白质的全价颗粒饲料，对锻炼胃肠消化功能有重要作用。

（二）要养好仔猪必须抓好四食、过好四关

1. 抓乳食，过好初生关

哺食初乳，固定乳头，仔猪出生后一般都能自由活动，依靠自身的嗅觉寻找乳头，个别体弱的仔猪必须借助于人工辅助，最迟应该在产后 2h 内让乳猪吃上初乳，最好母猪边分娩边让乳猪吮乳，在操作中我们通常有意识地把强壮的仔猪放在后面乳头，体弱的放在前面乳头，这样有利于仔猪发育均匀，大小整齐。母猪整个分娩过程应有专人在场，避免母猪压死小猪和小猪包衣引起窒息死亡。

2. 抓开食，过好补料关

仔猪出生第 7d，用全价的颗粒饲料诱食，实在不吃的猪只，把颗粒料强制塞入小猪嘴内，反复几次，让其觉得有味道，下次才会主动去舔食。仔猪出生第三天，最好补充电解质水，可以买现成的口服补液盐，也可以自配：葡萄糖 45g，盐 8.5g，柠檬酸 0.5g，甘氨酸 6g，柠檬酸钠 120mL，磷酸二氢钾 400mL，加入 2kg 清水中，连饮 10~15d。此方法很关键，有利于仔猪早开食，更健康的成长。

3. 抓旺食，过好断奶关

30 日龄左右仔猪将进入旺食阶段，抓好此阶段，增加采食量，每天饲喂次数以 4~5 次为宜，不更换饲料，保证饲料质量的稳定性，建议补饲量如表 4-1 所示，供参考。

4. 抓防病，过好活命关

仔猪一生中可能出现的 3 次死亡高峰。第一次在出生后 7d 内，第 2 次在 20~30d 奶量不足时，饲料量增加的时候，第三次在断奶时出现应激的时候，这 3 个死亡高峰与饲养管理的科学性与否直接关系，合理细致的管护和饲养可以使仔猪少死亡，快增长。应特别重视仔猪饲养中的腹泻问题，由其导致的死亡可以占到仔猪总死亡的30%，甚至更高，所以哺乳仔猪的防病要点要落实好正常的免疫接种和消毒措施，仔猪栏舍内经常用消毒药喷洒，增强断奶仔猪的抵抗力，减少病原微生物的感染。

表 4-1　3~7 周饲喂量　　　　　　　　　　　　　单位：g

出生周期	3 周	4 周	5 周	6 周	7 周
饲喂量	30	65	80~150	180~250	450~500

四、肥育猪饲养技术

生长肥育猪对外界的适应能力逐渐增强，所以饲养起来相对容易些。一般来说，只要没有大的意外，成活率都很高，但要饲养好生长肥育猪，还应加强以下几个方面的工作。

（一）饲料调制

科学地调制饲料和饲喂对提高生长肥育猪的增重速度和饲料利用率，降低生产成本有重大意义。饲料调制的原则是缩小饲料体积，增强适口性，提高饲料转换率。可以用颗粒料，也可以用粉料；既可以购买商品全价料，也可以用市售浓缩料或预混料自行加工配制，建议散养户根据自家实际利用农副产品合理配制饲料，可以充分利用农村剩余资源，降低饲养成本。

（二）饲喂方法

自由采食与限量饲喂均可，自由采食日增重高，背膘较厚。限量饲喂饲料转换率较高，背膘较薄。追求日增重，以自由采食为好，为得到较瘦的胴体，则限量饲喂优于自由采食，限量饲喂应始于育肥后期。在日饲喂次数上，如果大量利用青粗饲料，可日喂 3~4 次，如果以精饲料为主，可日喂 2~3 次，在育成猪阶段日喂次数可适当增多，以后逐渐减少。

（三）供给充足清洁的饮水

冬季饮水量为采食量的 2~3 倍或体重的 10%左右，春秋季饮水量约为采食量的 4 倍或体重的 16%，夏季饮水量约为采食量的 5 倍或体重的 23%，水槽与饲槽分开，有条件的可安装自动饮水器。

（四）驱虫

当前危害严重的寄生虫有蛔虫、疥螨和虱子等体内外寄生虫，通常在35d左右进行第一次驱虫，必要时可在70d时进行第二次驱虫，以后每隔一个季度驱虫一次。

第二节　猪场管理制度

一、防疫制度

为了保障规模化猪场生产的安全，依据规模化猪场当前实际生产条件，必须贯彻"预防为主，防重于治"的原则，杜绝疫病的发生。现拟定以下《猪场卫生防疫制度》，仅供广大养殖户参考。

（1）猪场可分为生产区和生活区，生产区包括饲养场、兽医室、饲料库、污水处理区等。生活区主要包括办公室、食堂、宿舍等。生活区应建在生产区上风方向并保持一定距离。

（2）猪场实行封闭式饲养和管理。所有人员、车辆、物资仅能由大门和生产区大门经严格消毒后方可出入，不得由其他任何途径出入生产区。

（3）非生产区工作人员及车辆严禁进入生产区，确有需要进入生产区者必须经有关领导批准，按本场规定程序消毒、更换衣鞋后，由专人陪同在指定区域内活动。

（4）生活区大门应设消毒门岗，全场员工及外来人员入场时，均应通过消毒门岗，按照规定的方式实施消毒后方可进入。

（5）场区内禁止饲养其他动物，严禁携带其他动物和动物肉类及其副产品入场，猪场工作人员不得在家中饲养或者经营猪及其他动物肉类和动物产品。

（6）场内各大、中、小型消毒池由专人管理，责任人应定期进行清扫，更换消毒药液。场内专职消毒员应每日按规定对猪群、猪舍、各类通道及其他须消毒区域轮替使用规定的各种消毒剂实施消毒。工作服要在场内清洗并定期消毒。

（7）饲养员要在场内宿舍居住，不得随便外出；场内技术人员不得到场外出诊；不得去屠宰场、其他猪场或屠宰户、养猪场户等处逗留。

（8）饲养员应每日上、下午各清扫一次猪舍、清洗食槽、水槽，并将收集的粪便、垃圾运送到指定的蓄粪池内，同时应定期疏通猪舍排污道，保证其畅通。粪便、垃圾及污水均需按规定实行无害化处理后方可向外排放。

（9）生产区内猪群调动应按生产流程规定有序进行。出售生猪应由装猪台装车。严禁运猪车进场装卸生猪，凡已出场生猪严禁运返场内。

（10）坚持"自繁自养"的原则，新购进种猪应按规定的时间在隔离猪舍进行隔离观察，必要时还应进行实验室检验，经检验确认健康后方可进场混群。

（11）各生产车间之间不得共用或者互相借用饲养工具，更不允许将其外借和携带出场，不得将场外饲养用具带入场内使用。

（12）各猪舍在产前、断奶或空栏后以及必要时按照终末消毒的程序按清扫、冲洗、消毒、干燥、熏蒸等方法进行彻底消毒后方可转入生猪。

（13）疫苗由专人管理，疫苗冷藏设备到指定厂家采购，疫苗运回场后由专人按规定方法贮藏保管，并应登记所购疫苗的批号和生产日期，采购日期及失效期等，使用的疫苗废品和相关废弃物要集中无害化处理。

（14）应根据国家和地方防疫机构的规定及本地区疫情，决定猪厂使用疫苗品种，依据所使用疫苗的免疫特性制定适合本场的免疫程序。免疫注射前应逐一检查登记须注射疫苗生猪的栋号、栏号、耳号及健康状况，患病猪及妊娠母猪应暂缓注射，待其痊愈或产后再进行补注，确保免疫全覆盖。

二、消毒制度

为了控制传染源，切断传播途径，确保猪群的安全，必须严格做好日常的消毒工作。特拟定《规模化猪场日常消毒程序》，仅供参考。

（一）非生产区消毒

（1）凡一切进入养殖场人员（来宾、工作人员等）必须经大门消毒室，并按规定对体表、鞋底和手进行消毒。

（2）大门消毒池长度为进出车辆车轮的 2 个周长以上，消毒池上方最好建顶棚，防止日晒雨淋；并且应该设置喷雾消毒装置。消毒池水和药要定期更换，保持消毒药的有效浓度。

（3）所有进入养殖场的车辆（包括客车、饲料运输车、装猪车等）必须严格消毒，特别是车辆的挡泥板和底盘必须充分喷透、驾驶室等必须严格消毒。

（二）生产区消毒

（1）生产人员（包括进入生产区的来访人员）必须更衣消毒，或更换一次性的工作服，换胶鞋后通过脚踏消毒池（消毒桶）才能进入生产区。

（2）生产区入口消毒池每周至少更换池水、池药两次，保持有效浓度。生产区内道路及 5m 范围以内和猪舍间空地每月至少消毒两次。售猪周转区、赶猪通道、装猪台及磅秤等每售一批猪都必须大消毒一次。

（3）分娩保育舍每周至少消毒两次，配种妊娠舍每周至少消毒一次。肥育猪舍每两周至少消毒一次。

（4）猪舍内所使用的各种器具、运载工具等必须每两周消毒一次。

（5）病死猪要在专用焚化炉中焚烧处理，或用生石灰和烧碱拌撒深埋。活疫苗使用后的空瓶应集中放入有盖塑料桶中灭菌处理，防止病毒扩散。

（三）消毒过程中应注意事项

（1）在进行消毒前，必须保证所消毒物品或地面清洁；否则，起不到消毒的效果。

（2）消毒剂的选择要具有针对性，要根据本场经常出现或存在的病原菌来选择消毒剂。消毒剂要根据厂家说明的方法操作进行，要保证新鲜，要现用现配。

（3）消毒作用时间一定要达到使用说明上要求的时间，否则会影响效果或起不到消毒作用。比如，在鞋底消毒时仅蘸一下消毒液，达不到消毒作用。

三、无害化处理制度

饲料应采用合理配方，提供理想蛋白质体系，以提高蛋白质及其他营养的吸收效率，减少氮的排放量和粪的生产量。

养殖场的排泄物要实行干湿分离，干粪运至堆粪棚堆积发酵处理，水粪排入三级过滤池进行沉淀过滤处理。

各猪场的排水系统应分雨水和污水两套排水系统，以减少排污的压力。

具备焚烧条件的猪场，病残和死猪的尸体必须采取焚烧炉焚烧。不具备焚烧条件的猪场，必须设置两个以上混凝土结构的安全填埋井，且井口要加盖封严。每次投入猪尸体后，应覆一层厚度大于10cm的熟石灰，井填满后，须用土填埋压实并封口。

废弃物包括过期的兽药、疫苗、注射后的疫苗瓶、药瓶及生产过程中产生的其他弃物。各种废弃物一律不得随意丢弃，应根据各自的性质不同采取煮沸、焚烧、深埋等无害化处理措施，并按要求填写相应的无害化处理记录表。

四、隔离制度

商品猪实行全进全出或实行分单元全进全出饲养管理，每批猪出栏后，圈舍应空置两周以上，并进行彻底清洗、消毒，杀灭病原，防止连续感染和交叉感染。

引种时应从非疫区，取得《动物防疫条件合格证》的种猪场或繁育场引进经检疫合格的种猪。种猪引进后应在隔离舍隔离观察6周以上，健康者方可进入猪舍饲养。

患病猪和疑似患病猪应及时送隔离舍，进行隔离诊治或处理。

第三节　猪场规模与建设

一、栏圈建设

(一) 场址的选择

主要考虑地势要高燥，防疫条件要好，交通方便，水源充足，供电方便等条件。规模越大，这些条件越要严格。如果养猪数量少，则视其情况而定。同时，也要考虑猪场要远离饮用水源地、学校、医院、无害化处理厂、种猪场等。

（二）猪舍建筑形式

专业户养猪场建筑形式较多，可分为3类：开放式猪舍、封闭式猪舍、大棚式猪舍。

1. 开放式猪舍

建筑简单，节省材料通风采光好，舍内有害气体易排出。但由于猪舍不封闭，猪舍内的气温随着自然界变化而变化，不能人为控制，这样影响了猪的繁殖与生长，另外相对的占用面积较大。

2. 大棚式猪舍

即用塑料扣成大棚式的猪舍。利用太阳辐射增高猪舍内温度。北方冬季养猪多采用这种形式。这是一种投资少、效果好的猪舍。根据建筑上塑料布层数，猪舍可分为单层和双层塑料棚舍。根据猪舍排列，可分为单列和双列塑料棚舍。另外，还有半地下塑料棚舍和种养结合塑料棚舍。单层塑料棚舍比无棚舍的平均温度可提高 13.5℃，由于舍温的提高，使猪的增重也有很大提高。据试验，有棚舍比无棚舍日增重可增加 238g，每增重 1kg 可节省饲料 0.55kg。因此说塑料大棚养猪是在高海拔地区投资少、效果好的一种方法。双层塑料棚舍比单层塑料棚舍温度高，保温性能好。双层塑料棚舍比单层塑料棚舍温度提高 3℃以上，肉猪的日增重可提高 50g 以上，每增重 1kg 节省饲料 0.3kg。

（1）单列和双列塑料棚舍。单列塑料棚舍指单列猪舍扣塑料布。双列塑料棚舍，由两列对面猪舍连在一起扣上塑料布。此类猪舍多为南北走向，争取上下午及午间都能充分利用阳光，以提高舍内温度。

（2）半地下塑料棚舍。半地下塑料棚舍宜建在地势高燥、地下水位低或半山坡等地方。一般在地下部分为 80~100cm。这类猪舍内壁要砌成墙，防止猪拱或塌方。底面整平，修筑混凝土地面。这类猪舍冬季温度高于其他类型猪舍。

（3）种养结合塑料棚舍。这种猪舍是既养猪又种菜。建筑方式同单列塑料棚舍。一般在一列舍内有一半养猪，一半种菜，中间设隔断墙。隔断墙留洞口不封闭，猪舍内污浊空气可流动到种菜室那边，种菜那边新鲜空气可流动到猪舍。在菜要打药时要将洞口封闭严密，以防猪中毒。最好在猪床位置下面修建沼气池，利用猪粪尿生产沼气，供照明、煮饭、取暖等用。

（4）塑料大棚猪舍。冬季湿度较大，塑料膜滴水，猪密度较大时，相对湿度很高，空气氨气浓度也大，这样会影响猪的生长发育。因此需适当设排气孔，适当通风，以降低舍内湿度、排出污浊气体。

为了保持棚舍内温度，冬季在夜晚于大棚的上面要盖一层防寒草帘子，帘子内面最好用牛皮纸、外面用稻草做成。这样减少棚舍内温度的散失。夏季可除去塑料膜，但必须设有遮荫物。这样能达到冬暖夏凉。

3. 封闭式猪舍

通常有单列式、双列式和多列式。

单列式封闭猪舍：猪栏排成一列，靠北墙可设或不设走道。构造简单，采光、通风、防潮好，冬季不是很冷的地区适用。

双列式封闭猪舍：猪栏排成两列，中间设走道，管理方便，利用率高，保温较好，采光、防潮不如单列式。冬季寒冷地区适用。养肥猪适宜，如图4-3所示。

多列式封闭猪舍：猪栏排成3列或4列，中间设2~3条走道，保温好，利用率高，但构造复杂，造价高，通风降温较困难。

图4-3 双列式封闭猪舍

二、饲养规模

饲养规模的大小与资源的高效合理利用，与猪场的收益密切相关，在精细饲养管理的条件下，往往规模越大养殖成本越低，养殖效益也越好。但由于我们地处山区，发展相对较慢，各种资源的整合难度较大，资金大量融合困难，所以我们的发展规模必须在我们各方面条件允许的情况下稳步发展。不能盲目跟风扩场扩建，大量引种，要切记资金链断裂带来的廉价抛售风险。建议猪场根据自己的实力，首先建立稳定的繁殖群，满足饲养所需的种苗供应，也可防止外地引种的疫病风险和价格波动风险，并在此基础上稳步滚雪球式的逐步壮大。

第五章　黑猪疾病的临床诊断及疫病防治

第一节　临床诊断简介

一、望诊

望诊就是用肉眼和借助器械直接和间接对畜禽整体和局部进行观察的一种方法。望诊的方法：使待诊动物尽量处于自然状态，一般距离动物 1~1.5m，从动物的前方看向后方，先观察静态再观察动态，位于动物正前方和后方时要注意观察两侧胸腹的对称性，动物若处于静止状态要进行适当的驱赶以观察其运动姿态。观察猪群，从中发现精神沉郁、离群呆立、步态异样、饮食饮水异常、生理体腔是否有污秽的分泌物和排泄物、被毛粗乱无光的消瘦衰弱病畜，从整体上了解猪群的健康状况，提出及时的诊疗预防措施，并为进一步诊断提供依据。

二、听诊

听诊是利用耳朵和听诊设备听取动物的内脏器官在运动时发出的各种声响，以音响的性质判断其病理变化的一种诊断方法。临床上主要用于听诊心血管系统、呼吸系统、消化系统的各种声响，如心区听诊正常的为两个有规律的"咚-嗒"音，两个音间隔大致相等。当生猪患热性病时心音明显加强，能听到急促的心跳"咚-嗒"声，患衰竭、休克、中毒性疾病时，心音一般减弱或者先加强后减弱。正常的支气管呼吸音类似于"赫"的音，肺泡呼吸音声音很低类似于"夫"的音。发热时肺泡呼吸音增强，喘息声明显，多见于肺炎和支气管肺炎，肺气肿、胸膜炎、胸水时呼吸音减弱。正常的肠蠕动音似流水声、含漱声，在发生肠胃炎时出现雷鸣音，便秘、肠阻塞时肠音减弱。

三、问诊

问诊是通过询问的方式向畜主或者饲养员了解病畜或者畜群发病前后的状况和经过，主要询问饲料的种类、质量和配制的方法，饲料的储藏、饲喂方法，了解病畜和畜群的既往病史、特别是有畜群发病时要详细调查当地疫病流行情况、防疫检疫情况，还要询问现病史，掌握发病的时间、地点、发病数量和病程以及治疗措施等。对上述询问的结果进行综合客观地分析，为诊断提供依据。

四、触诊

触诊是用手对要检查的组织器官进行触压和感觉，同时观察病畜的表现，从而判断其病变部位的大小、硬度、温度、敏感性等。触诊一般分为按压触诊、冲击触诊、切入触诊3种，临床多用于检查体表的温度、肿胀物的大小性状、以刺激检查动物的敏感度、深部触诊用于检查内部器官的位置、形态、内容物状态以及与周边组织的关系等。

五、嗅诊

嗅诊主要是通过鼻腔嗅闻病畜的呼出气体、口腔气味、分泌物、排泄物（粪、尿）和病理产物的气味来判断机体的病变，例如：鼻腔呼出气有腐败味，提示为肺脏坏疽；阴道分泌物有腐败臭味提示为子宫蓄脓和胎衣滞留；尿液有浓氨臭味提示有膀胱炎；泻下物有浓腥臭味提示有肠炎，有酸臭味提示有胃炎。

第二节　黑猪疫病防治

一、疫病预防

常见传染病主要指对养殖业危害大，而且多发的几种传染病，例如猪瘟、口蹄疫、蓝耳病、伪狂犬病、传染性胃肠炎、链球菌病、仔猪水肿病、猪丹毒、猪肺疫等，由于这些疾病多有发病急、病程短、诊疗效果差、死亡率高等特点，所以在养殖过程中多以预防为主。参考猪场疫病免疫程序表（表5-1），仅供参考。

疫苗使用前后应注意猪场所用药物对疫苗免疫效果的影响。

表 5-1 猪场免疫程序

商品猪		
免疫时间	使用疫苗	剂量
1 日龄（初乳前）	猪瘟弱毒疫苗	1 头份
3 日龄	猪伪狂犬基因缺失弱毒苗	滴鼻 1 头份
7 日龄	猪喘气病灭活疫苗	按疫苗说明书
18 日龄	猪水肿病灭活疫苗	肌注 2 头份
21 日龄	猪喘气病灭活疫苗	按疫苗说明书
28 日龄	猪高致病性蓝耳病灭活疫苗	按疫苗说明书
35 日龄	猪链球菌 Ⅱ 灭活苗	按疫苗说明书
40 日龄	猪水肿病疫苗	按疫苗说明书
50 日龄	猪伪狂犬基因缺失弱毒苗	肌注 1 头份
60 日龄	猪瘟、丹毒、肺疫三联疫苗	肌注 2 头份
种母猪		
免疫时间	使用疫苗	剂量
初产母猪 配种前	猪瘟弱毒疫苗	肌注 4 头份
	猪高致病性蓝耳病灭活疫苗	按疫苗说明书
	猪细小病毒疫苗	按疫苗说明书
	猪伪狂犬基因缺失弱毒苗	按疫苗说明书
经产母猪 配种前	猪瘟弱毒疫苗	肌注 4 头份
	猪高致病性蓝耳病灭活疫苗	按疫苗说明
经产母猪产前 30 日	猪伪狂犬基因缺失 弱毒苗	按疫苗说明书
产前 15 日	大肠杆菌双价基因工程苗	按疫苗说明书
种公猪		
免疫时间	使用疫苗	剂量
每隔 6 个月	猪瘟弱毒疫苗	肌注 4~6 头份
	猪高致病性蓝耳病灭活疫苗	按疫苗说明
	猪伪狂犬基因缺失弱毒苗	按疫苗说明
备注	①每年 3—4 月接种乙型脑炎疫苗 ②每年 3—9 月接种口蹄疫疫苗 ③每年 3—10 月接种猪传染性胃肠炎、流行性腹泻二联疫苗 ④根据本地疫病情况看选择进行免疫	

出现过敏情况时，皮下或肌内注射 0.2~1mL 肾上腺素/头，如静脉注射需稀释 10 倍或者肌肉注射地塞米松注射液 5mL。

疫苗免疫通常应在猪只健康状态下进行，免疫程序常受到猪群健康状况等多种因素的影响而调整。调整免疫程序请在兽医指导下进行。猪瘟和口蹄疫是国家强制免疫的疫病，疫苗可直接到当地兽防站领取。

二、常见疾病防治

常见疾病是指临床上多发，为害较大，通过积极的预防、诊疗可以得到控制和达到预期效果。

（一）仔猪腹泻病

仔猪腹泻病临床上主要分为以下几种类型：消化不良性腹泻、细菌感染性腹泻和病毒性腹泻。由于细菌性和病毒性腹泻多以预防为主，此处不讲。消化不良性腹泻是各种致病因素单一和综合作用，（例如：寒湿，久卧寒湿水泥地、饮水冰冷、圈舍阴冷等；湿热，圈舍不通风闷热、日光直接照射、圈舍潮湿、饲养密度过高等；毒物误食，误食如蓖麻、巴豆、马铃薯芽、马铃薯黄茎叶、幼嫩的高粱玉米苗等；寄生虫机械损伤、吸附、移行等；粗饲料损伤畜体的消化道等）导致消化器官损伤和机能紊乱而致泄泻。

1. 主要症状

症状多与病因不同而有所变化，寒湿型多畏寒肢冷、抖擞毛立、泄泻物清稀如水。湿热型表现为分散呆立、体倦乏力、喜饮、里急后重，泄泻物多黄色黏稠。中毒型多表现为站卧不安、疼痛呻吟，泄泻物多为黑色。消化道损伤型多表现为采食减少，时好时坏，肠胃胀满，泄泻物多为未消化的食物且酸臭。

2. 治疗

寒湿型腹泻多采用温脾暖胃的方剂温脾散和桂心散（温脾散：青皮、陈皮、白术、厚朴、当归、甘草、细辛、益智、葱白、食醋。桂心散：桂心、厚朴、青皮、陈皮、白术、益智仁、干姜、砂仁、当归、甘草、五味子、肉豆蔻、大葱）用上述方剂煎汤灌服。湿热型痢疾治疗用白头翁汤和郁金散（早期白头翁汤：白头翁、黄连、黄柏、秦皮，后期郁金散：黄柏、黄芩、黄连、炒大黄、栀子、白芍、诃子）。误食毒物腹泻首先应停喂有毒物、洗胃，解毒用绿豆汤加淀粉、活性炭灌服，止泻用理中汤加味（理中汤：甘草、党参、白术、干姜加味炒大黄、炒麦芽、山楂煎汤灌服）。寄生虫引起的腹泻西药用左旋咪唑和伊维菌素注射驱虫，然后用平胃散（平胃散：厚朴、陈皮、苍术、甘草、大枣、干姜）行气健脾，伤食腹泻用保和丸（保和丸：六曲、山楂、茯苓、半夏、陈皮、连翘、麦芽）煎汤灌服。在仔猪腹泻病治疗过程中可以结合西药抑菌剂，常用土霉素、磺胺粉、庆大霉素等拌料喂服和注射，消炎和减少渗出可用地塞米松注射液和维生素 C 注射液。

3. 预防

仔猪饲养中要注意圈舍的防寒保暖、干燥、通风、清洁，及时清除排泄物，选择优质易消化的饲料定时定量的饲喂、供给清洁饮水、定期驱虫，不轻易转圈分群，改变饲料和饲喂方式，尽量减少仔猪应急等。

（二）仔猪水肿病

仔猪水肿病是由大肠杆菌引起的仔猪肠毒血症性传染病。多为散发，一年四季均有病病例发生，多以断奶后营养丰富，生长迅速的仔猪首先发病，往往不出现症状突然死亡或者突然发病常在 1~2d 内死亡。

主要症状：发病猪表现为四肢无力跪地爬行、声音嘶哑、共济失调、眼睑、面部水肿、结膜潮红充血，触摸敏感尖叫，急性不见症状突然死亡，病程一般 1~2d，死亡率约 95%。

1. 病理变化

以胃贲门、胃大弯和肠系膜呈胶冻样水肿为特征。胃肠黏膜呈弥漫性出血，心包腔、胸腔和腹腔有大量积液。淋巴结水肿充血和出血。

2. 治疗

发病早期用磺胺间甲氧嘧啶钠、大剂量地塞米松治疗，辅以安钠咖、速尿、维生素 C、氯化钙等注射液对症治疗，中兽药配合黄连解毒汤和五苓散（黄连解毒汤：黄连、黄柏、黄芩、栀子，五苓散：

猪苓、茯苓、泽泻、白术、桂枝）煎汤灌服，后期多没有治疗效果。

3. 预防

注意圈舍卫生，定期消毒，发生过此病的栏圈要彻底消毒，有条件的可以空栏3~4个月再补栏饲养。注意仔猪的饲料营养，避免蛋白质饲料的过量添加，饲料中注意添加矿物元素硒和维生素 E、维生素 B_1、维生素 B_2，尽量减少饲料更换、转圈、断奶、气候变化等对仔猪的应激反应。

疫苗预防用仔猪水肿病灭活疫苗在仔猪18日龄时首免，30日龄时强化免疫一次。

（三）猪喘气病

猪喘气病是由肺炎支原体引起猪的慢性呼吸道传染病。乳猪和仔猪的发病率和死亡率较高，多散发、四季均可发生，但以寒冷潮湿的季节多发。新疫区多呈急性暴发，死亡率较高。老疫区多表现为慢性和隐性，死亡率较低，导致猪群抵抗力下降，饲养经济效益降低。

1. 主要症状

不愿走动、呆立一隅、动则气喘，严重者呈犬坐呼吸，张口喘气，发出喘鸣声，轻微咳嗽，采食和剧烈运动后咳嗽加剧，体温一般正常，合并感染后体温升高可至40℃。

2. 病理变化

急性死亡病例可见肺脏有不同程度的水肿和气肿，早期病变发生在心叶，呈淡红色和灰红色，半透明状，病变部位界限明显，像鲜嫩的肌肉样，俗称"肉变"。随着病程的延长和加重，病变部位转为浅红色、灰白色、或灰红色，半透明状态减轻，俗称"虾肉样变"。继发细菌感染时出现纤维素性、化脓性和坏死性病变。

3. 治疗

猪喘气病治疗抗菌用壮观霉素、卡那霉素、泰乐霉素交替肌注治疗，并用土霉素拌料喂服，平喘用氨茶碱。中药治疗用麻杏石甘汤加味（麻黄、杏仁、石膏、甘草、黄芩、百部、板蓝根、桑叶、枇杷叶、马兜铃、麦冬、桔梗、贝母）煎汤灌服。

4. 猪肺炎支原体的防治措施

（1）加强饲养管理。尽可能自繁自养及全进全出；保持舍内空气新鲜，增强通风减少尘埃，及时清除干稀粪降低舍内氨气浓度；断奶后 10~15d 内仔猪环境温度应为 28~30℃，保育阶段温度应在 20℃以上，最少不低于 16℃。保育舍、产房还要注意减少温差，同时注意防止猪群过度拥挤，对猪群进行定期驱虫；尽量减少迁移，降低混群应激；避免饲料突然更换，定期消毒，彻底消毒空舍等。

（2）药物控制。使用抗生素可减缓疾病的临床症状和避免继发感染的发生。常用的抗生素有四环素类、泰乐菌素、林肯霉素、氯甲砜霉素、泰妙灵、螺旋霉素、奎诺酮类（恩诺沙星、诺氟沙星等），但总的来说，使用抗生素不会阻止感染发生，且一旦停止用药，疾病很快就会复发。另外由于是防御性措施，通常使用的抗生素浓度较低，这易导致病原体产生耐药性，以后再用类似药物效果就不好。值得注意的是猪肺炎支原体对青霉素、阿莫西林、羟氨苄青霉素、头孢菌素Ⅱ、磺胺二甲氧嘧啶、红霉素、竹桃霉素和多粘菌素都有抗药性。

（3）综合防治措施。应针对该病考虑使用综合防治措施：对于未感染猪肺炎支原体的猪群来说，感染猪肺炎支原体的可能性很大，如距离感染猪群较近、猪群过大、离生猪贩运的主干道太近，这些都极易导致支原体传播与感染。由于猪肺炎支原体是靠空气传播的，这也给保护未感染猪群带来难度。在猪饲养密度过高的地区，问题犹为棘手，未感染猪群很可能会出现持续反复的感染。以上几种措施，无论是加强饲养环境管理、使用抗生素、还是采取根除措施，都不是防治喘气病的理想方案，它们都无法给猪整个生长周期提供全程保护，使猪免受猪肺炎支原体的感染。有条件的猪场应尽可能实施多点隔离式生产技术，也可考虑利用康复母猪基本不带菌，不排菌的原理，使用各种抗生素治疗使病猪康复，然后将康复母猪单个隔离饲养、人工授精，培育健康繁殖群。严重危害地区也可全程药物控制。方法如下。

①怀孕母猪分娩前 14~20d 以支原净、利高霉素或林可霉素、克林霉素、氟甲砜霉素等投药 7d。②仔猪 1 日龄口服 0.5mL 庆大霉素，5~7 日龄、21 日龄 2 次免疫喘气病灭活苗。仔猪 15 日龄、25 日龄注射恩诺沙星一次，有腹泻严重的猪场断奶前后定期用药，

可选用支原净、利高霉素、泰乐菌素、土霉素、氟甲砜霉素复方等。③保育猪、育肥猪、怀孕母猪脉冲用药，可选用 20～40mg/kg 土霉素肌注，首次量加倍，也可对群体猪使用土霉素纯粉及复方新诺明原粉拌料，剂量为前 5d 用 500g 复方新诺明加 250kg 饲料，5d 后以每 250g 土霉素配 250kg 饲料再用 5d。④另外根据猪群背景要求加强对猪瘟、猪繁殖与呼吸综合征、猪萎缩性鼻炎、链球菌病、弓形体病的免疫与控制。

总之，在搞好全进全出、加强管理与卫生消毒工作、提高生物安全标准的基础上，加强对怀孕母猪尤其是初产母猪隐性感染和潜伏性感染的药物控制，加强仔猪特别是初产母猪所产仔猪的早期免疫，及时检疫，立即隔离发病猪，并根据猪群具体健康状况采取定期用药、预防用药等措施是控制场内支原体危害的关键。

（四）猪萎缩性鼻炎

猪萎缩性鼻炎是由波氏杆菌和多杀性巴氏杆菌联合感染引起猪的慢性呼吸道传染病。其中仔猪最易感染，6～8 周龄发病较多，发病率一般随猪年龄的增加而下降，多呈现散发和地方流行。

1. 主要症状

患病猪鼻炎、鼻梁变形和鼻甲骨萎缩，呼吸困难、吸气时鼻孔张开和明显的张口呼吸，发出鼾声和喘鸣声，响如拉锯声或口哨声，鼻炎时鼻泪管阻塞泪液流出眼外，形成明显的月牙痕，严重的面部变形，甚至引起脑炎和肺炎，发病猪生长停止。

2. 病理变化

特征性病理变化是鼻腔软骨和鼻甲骨软化和萎缩，最常见的是鼻甲骨下卷曲，重者鼻甲骨消失。

3. 治疗

猪萎缩性鼻炎的治疗用磺胺嘧啶钠和长效土霉素、卡拉霉素等交替给药治疗，连续一周。中兽药治疗可用辛夷散加味（酒黄柏、酒知母、沙参、木香、郁金、明矾、细辛、辛夷、黄芩、贝母、白芷、苍耳子、百部、麦冬）煎汤灌服，并用药液冲洗鼻腔。

4. 预防

加强饲养管理，保持猪舍的清洁、干燥、卫生、定期消毒、避免阴冷、潮湿、寒凉的圈舍环境。饲喂时尽量减少饲料的粉尘，防止异物刺激诱发此病。对有明显症状的猪进行隔离或淘汰。妊娠母猪于产前2个月和1个月分别接种波氏杆菌和巴氏杆菌灭活油剂二联苗，以提高母源抗体滴度，保护初生仔猪免受感染。对于仔猪可于21日龄免疫接种波氏杆菌和巴氏杆菌二联苗，并于一周后加强免疫一次。公猪每年注射一次。预防性给药母猪妊娠最后一个月饲料中添加磺胺嘧啶钠粉0.1g/kg或土霉素粉0.4g/kg。乳猪出生3周内可用庆大小诺霉素注射液预防性注射3~4次，并结合鼻腔喷雾3~4次直到断奶。育成猪预防也可添加磺胺粉，但宰前一个月应停药。

（五）猪链球菌病

猪链球菌病是由多种血清型的链球菌引起多种传染病的总称，主要特征为急性败血症和脑炎，慢性关节炎和心内膜炎。患病猪、隐性感染猪和康复带菌猪是主要的传染源。经呼吸道、消化道、和受损的皮肤黏膜均可感染，以哺乳和断奶仔猪最易感。疾病一年四季均可发生，但以5—10月气候炎热时多发。

1. 主要症状

猪链球菌病临床上主要分为急性败血病型、脑膜炎型和淋巴结脓肿型3个类型。

猪败血型链球菌病最急性突然发病，多不见异常突然死亡，或者食欲废绝、卧地不起、体温41~42℃、呼吸迫促常在1d内死亡。急性型体温42~43℃、高热稽留、眼结膜潮红、流泪、呼吸急促、间或咳嗽，常在耳、颈、腹下、四肢下端皮肤出现紫红色和出血点，多于3~5d死亡。慢性多由急性转化而来，表现为关节炎，关节肿大、高度跛行、有疼痛感、严重者瘫痪，多预后不良。

猪链球菌病脑膜炎型多发于哺乳和断奶仔猪，体温升高、绝食、便秘、流浆液和黏液性鼻液，盲目走动、步态不稳、转圈运动、触动时敏感并尖叫和抽搐，口吐白沫、倒地时四肢游动，多在1~2d内死亡。

猪淋巴结脓肿型链球菌病主要表现为颌下、咽部、颈部等处的淋巴结化脓和脓肿为特征，病猪体温升高，食欲减退，常由于脓肿压迫导致咀嚼、吞咽困难、甚至呼吸障碍，脓肿破溃、浓汁排尽后逐渐康复，但长期带毒，成为传染源。

2. 病理变化

败血型病猪血凝不良，皮肤有紫斑，黏膜浆膜和皮下出血。胸腔积液，全身淋巴结水肿充血，肺充血水肿，心包积液，心肌柔软，色淡呈煮肉样。脾脏肿大呈暗红或紫蓝色，柔软易碎，包膜下有出血点，边缘有出血梗塞区。肾脏肿大，皮质髓质界限不清有出血点。胃肠黏膜浆膜有小出血点。脑膜和脊髓软膜充血、出血。关节炎病变是关节囊膜面充血、粗糙，关节周围组织有化脓灶。

3. 治疗

发病早期抗菌可选用青霉素、阿莫西林、庆大霉素、磺胺嘧啶钠一天两次，连续一个星期进行治疗，直到症状消失，解热可用安乃近，消炎用地塞米松，化脓创首先排尽脓汁，然后用3%的双氧水或0.3%的高锰酸钾进行清洗，再涂撒磺胺粉。中兽药治疗用清瘟败毒饮（生地、黄连、黄芩、丹皮、石膏、知母、甘草、竹叶、犀角、玄参、连翘、栀子、白芍、桔梗）。

4. 预防

免疫是预防本病的主要措施，可用猪链球菌病灭活疫苗每头皮下注射3~5mL，或者用猪败血性链球菌病弱毒疫苗，每头皮下注射1mL或口服4mL，免疫期一般6个月。

药物预防：常在流行季节添加土霉素、四环素、金霉素，每吨饲料添加600~800g，连续饲喂1周。有病例发生时每吨饲料添加阿莫西林300g、磺胺二甲氧嘧啶钠400g连续饲喂1周。也可以每吨饲料添加11%的林可霉素500~700g、磺胺嘧啶200~300g、抗菌增效剂50~90g连续饲喂一周。

保持圈舍清洁、干燥和通风，建立严格的消毒制度，外地引种实行隔离观察45d后方可混群，发现病例及时隔离，对圈舍彻底消毒，对可疑猪药物预防或紧急接种。病死猪严禁宰杀和出售，一律按要求进行深埋（一般不低于2m）和化制等无害化处理。

（六）猪伪狂犬病

猪伪狂犬病是由伪狂犬病毒引起猪的一种急性传染病。一般散发，呈地方流行性，常以冬春季多发。仔猪年龄越小发病率和死亡率越高，随着年龄的增加而下降。带毒猪、鼠是主要的传染源，主要经消化道传播，也可经损伤的皮肤以及呼吸道和生殖道传播。

1. 主要症状

仔猪体温升高，精神委顿、压食、呕吐、有的呼吸困难、呈腹式呼吸，然后出现神经症状全身抖动，运动失调，状如酒醉，做前进和后退运动，阵发性痉挛，倒地后四肢划动，最后昏迷死亡，部分耐过猪出现偏瘫，发育受阻。怀孕母猪表现为发热、咳嗽、常发生流产、死胎、木乃伊胎和产弱仔，弱仔表现为尖叫、痉挛、不吸允乳汁、运动失调，常于 1~2d 内死亡。

2. 病理变化

一般无特征性病理变化，有神经症状的仔猪脑膜充血、出血和水肿，脑脊液增多。肺水肿，有小叶间质性肺炎病变。扁桃体、肝、脾均有灰白色小坏死灶。全身淋巴结肿胀出血。肾布满针点样出血点，胃底黏膜出血，流产胎儿的脑和臀部皮肤有出血点，肾和心肌出血。

3. 治疗

一般施以对症治疗，尚无特效药物。中兽药用镇心散加味（朱砂、栀子、麻黄、茯神、远志、郁金、防风、党参、黄芩、黄连、女贞子、白芍、柴胡、金银花、板蓝根、连翘）煎汤灌服。

4. 预防

猪舍灭鼠对预防伪狂犬病有重要意义。引进猪要实行严格的隔离观察，严禁引入带病猪。流行地区可进行免疫接种，用伪狂犬病弱毒疫苗、野毒灭活苗和基因缺失苗，但在同一头猪只能用一种基因缺失苗，避免疫苗毒株间的重组。疫苗接种不能消灭本病，只能缓解发病后的症状，所以无病猪场一般禁用疫苗。发病时要立即隔离和扑杀病猪，尸体销毁和深埋，疫区内的未感染动物实行紧急免疫接种，圈舍用具及污染的环境，用 2% 的氢氧化钠、20% 的漂白粉彻底消毒，粪便发酵处理。

（七）猪魏氏梭菌病

魏氏梭菌病，是由产气荚膜梭菌引起的传染病，各年龄段猪不分性别，一年四季均可发病。发病率不高，但死亡率极高，是严重危害养猪业的重要疾病。

1. 临床症状

最急性型发病猪病程极短，临床上几乎见不到症状，突然死亡。急性型表现体温升高到40.5℃，腹部明显膨胀，耳尖、蹄部、鼻唇部发绀，精神不振，食欲减少。有的出现神经症状，跳圈，怪叫，接着倒地不起，口吐白沫或红色泡沫。

2. 病理变化

解剖病死猪，胸腹腔有黄色积液，肠系膜和腹股沟淋巴结出血，心包积液，肝肿大，质地脆，易碎，脾肿大，有出血点，气管及支气管中有白色或红色泡沫，胃出现膨胀，胃黏膜完全脱落，有出血斑。其他无明显病变。

3. 防治措施

对猪魏氏梭菌病的防治一般采取综合性治疗措施。①用支梅素+维生素C+5%的葡萄糖静脉滴注，2次/d，连续3d治疗，未有发病症状的猪可用痢菌净拌食吃，一天两次连续3d治疗。②隔离发病猪，栏舍消毒，每天1次，连续1周，消毒药用10%的生石灰，20%绿卫等交替使用，饲槽、饮水用具用0.01%的高锰酸钾水溶液清洗。病死猪无害化处理，然后深埋。

（八）猪肺疫

猪肺疫是由多杀性巴氏杆菌所引起的一种急性传染病（猪巴氏杆菌病），俗称"锁喉风"或"肿脖瘟"。各种年龄的猪都可感染发病。发病一般无明显的季节性，但以冷热交替、气候多变、高温季节多发，一般呈散发性。急性或慢性经过，急性呈败血症变化，咽喉部肿胀，高度呼吸困难。

1. 临床症状

根据病程长短和临床表现分为最急性、急性和慢性型。最急性型：未出现任何症状，突然发病，迅速死亡。病程稍长者表现体温升高到41~42℃，食欲废绝，呼吸困难，心跳急速，可视黏膜发绀，皮肤出现紫红斑。咽喉部和颈部发热、红肿、坚硬，严重者延至耳根、胸前。病猪呼吸极度困难，常呈犬坐姿势，伸长头颈，有时可发出喘鸣声，口鼻流出白色泡沫，有时带有血色。一旦出现严重的呼吸困难，病情往往迅速恶化，很快死亡。死亡率常高达

100%，急性型：该型最常见。体温升高至 40~41℃，初期为痉挛性干咳，呼吸困难，口鼻流出白沫，有时混有血液，后变为湿咳。随病程发展，呼吸更加困难，常作犬坐姿势，精神不振，食欲不振或废绝，皮肤出现红斑，后期衰弱无力，卧地不起，多因窒息死亡。病程 5~8d，不死者转为慢性。慢性型：主要表现为肺炎和慢性胃肠炎。时有持续性咳嗽和呼吸困难，关节肿胀，常有腹泻，食欲不振，营养不良，有痂样湿疹，极度消瘦，病程 2 周以上，多数发生死亡。

2. 病理变化

最急性型：全身黏膜、浆膜和皮下组织有出血点，尤以喉头及其周围组织的出血性水肿为特征。切开颈部皮肤，有大量胶胨样淡黄或灰青色纤维素性浆液。全身淋巴结肿胀、出血。

急性型：除了全身黏膜、实质器官、淋巴结的出血性病变，特征性的病变是纤维素性肺炎，胸膜与肺粘连，肺切面呈大理石纹，胸腔、心包积液，气管、支气管黏膜发炎有泡沫状黏液。

慢性型：肺肝变区扩大，有灰黄色或灰色坏死，内有干酪样物质，有的形成空洞，高度消瘦，贫血，皮下组织见有坏死灶。

3. 防治措施

最急性病例由于发病急，常来不及治疗，病猪已死亡。青霉素、链霉素和四环素类抗生素对猪肺疫都有一定疗效。也可与磺胺类药物配合用，在治疗上特别要强调的是，该菌极易产生抗药性，因此有条件的应做药敏试验，选择敏感性药物治疗。

每年春秋两季定期注射猪肺疫弱毒菌苗；对常发病猪场，要在饲料中添加抗菌药进行预防。

发生该病时，应将病猪隔离、严格消毒。对新购入猪隔离观察一个月后无异常变化合群饲养。

（九）猪传染性胃肠炎

猪传染性胃肠炎又称幼猪的胃肠炎，冬泻，是一种高度接触传染病，以呕吐、严重腹泻、脱水，致两周龄内仔猪高死亡率为特征的病毒性传染病。各种年龄的猪都可感染，多以冬季寒冷季节多发，特别寒冷季节潮湿猪场容易流行。

1. 临床症状

一般2周龄以内的仔猪感染后12~24h会出现呕吐，继而出现严重的水样或糊状腹泻，粪便呈黄色，常夹有未消化的凝乳块，恶臭，体重迅速下降，仔猪明显脱水，发病2~7d死亡，死亡率达100%；在2~3周龄的仔猪，死亡率在10%。断乳猪感染后2~4d发病，表现水泻，呈喷射状，粪便呈灰色或褐色，个别猪呕吐，在5~8d后腹泻停止，极少死亡，但体重下降，常表现发育不良，成为僵猪。冬季育肥猪发病表现水泻，呈喷射状，呕吐，在7d后腹泻停止，极少死亡，表现良性病程。

2. 防治措施

治疗药物可用痢菌净，土霉素类拌料饲喂，注射恩诺沙星类注射液以及中药白头翁汤加味（白头翁、黄连、黄柏、秦皮、金银花、陈皮、苍术、茯苓）煎汤灌服，1d2次。同时保持圈舍干燥，注意防寒保暖，及时清除粪污，及时隔离病畜，彻底消毒圈舍。预防用传染性胃肠炎和流行性腹泻二联弱毒疫苗，春秋两次免疫。

（十）猪瘟

猪瘟是由猪瘟病毒引起的急性、热性、高度接触性传染病。主要特征是高热稽留，细小血管壁变性，组织器官广泛性出血，脾脏梗死。强毒株感染呈流行性，中等毒力株感染呈地方流行性，低毒力株感染呈散发性。病猪和带毒猪（特别是迟发性病猪）是主要的传染源。各个年龄段的猪均易感。直接接触感染为主要传播方式，一般经呼吸道、消化道、结膜和生殖道黏膜感染，也可经胎盘垂直传播。发病无明显的季节性，一般以春秋多发。

1. 主要症状

根据猪瘟病猪的临床症状，可分为急性、慢性、迟发性和温和性4种类型。

（1）急性型。病猪精神萎靡、呈弓背弯腰或皮紧毛乍的怕冷状，垂尾低头，食欲减少或停食，体温42℃以上。病初便秘、腹泻交替、后期便秘，粪如算珠呈串或单粒散落，有的伴有呕吐。眼结膜炎，两眼有黏液性和脓性分泌物，严重时糊住眼睑。随着病程发展出现步态不稳，后躯麻痹。腹下、耳和四肢内侧等皮肤充血，后期变为紫绀区，密布全身（除前背部）。大多数在发病后 10~20d 内死亡。

（2）慢性型。病程分为 3 期，早期食欲不振，精神沉郁，体温升高 41~42℃，白细胞减少。随后转入中期，食欲和一般症状改善，体温正常或略高，白细胞仍偏低，后期又出现食欲减退和体温升高，病猪病情的好转与恶化交替反复出现，生长迟缓，常持续 3 个月以上，最终死亡。

（3）迟发型。是由低毒力猪瘟病毒持续感染，引起怀孕母猪繁殖障碍。病毒通过胎盘感染胎儿，可引起流产，产木乃伊、畸形胎和死胎，以及有颤抖、嘶叫、抵墙症状的弱仔和外表健康的感染仔猪。胎盘内感染的外表健康仔猪终生有高浓度的病毒血症，而不产生对猪瘟病毒的中和抗体，是一种免疫耐受现象。子宫内感染的外表健康仔猪在出生后几个月表现正常，随后出现食欲不振，结膜炎，皮炎，下痢和运动失调，体温不高，大多数存活 6 月龄以上，但最终死亡。

（4）温和型猪瘟。又称"非典型猪瘟"。体温一般 40~41℃，皮肤一般无出血点，腹下多见淤血和坏死，耳部和尾巴皮肤发生坏死，常因合并感染和继发感染而死亡。

2. 病理变化

急性亚急性病例是以多发性出血为主的败血症变化。呼吸道、消化道、泌尿生殖道有卡他性、纤维素性和出血性炎症反应。具有诊断意义的特征性病变是脾脏边缘有针尖大小的出血点并有出血性梗死，突出于脾脏表面呈紫黑色。肾脏皮质有针尖大小的出血点和出血斑。全身淋巴结水肿，周边出血，呈大理石样外观。全身黏膜、浆膜、会厌软骨、心脏、胃肠、膀胱及胆囊均有大小不一的出血点或出血斑。胆囊和扁桃体有溃疡。

慢性病例特征性病变是在回盲瓣口和结肠黏膜，出现坏死性、固膜性和溃疡性炎症，溃疡突出于黏膜似纽扣状。肋骨突然钙化，从肋骨、肋软骨联合到肋骨近端，出现明显的横切线。黏膜、浆膜出血和脾脏出血性梗死病变不明显。

迟发性：特征性病变是胸腺萎缩，外周淋巴器官严重缺乏淋巴细胞和发生滤泡，胎儿木乃伊化，死产和畸形，死产和出生后不久死亡的胎儿全身性皮下水肿。胸腔和腹腔积液，皮肤和内脏器官有出血点。

3. 诊断要点

临床上通过流行病学、临床症状、病理变化，可以作出初步诊断。必要时可以进行实验室诊断利用荧光抗体病毒中和试验，方法是采取可疑病猪的扁桃体、淋巴结、肝、肾等制作冰冻切片，组织切片或组织压片，用猪瘟荧光抗体处理，然后在荧光显微镜下观察，如见细胞中有亮绿色荧光斑块为阳性，呈现清灰和橙色为阴性，2~3h 即可作出诊断。也可用兔体交互免疫试验，即将病料乳剂接种家兔，经 7d 后再用兔化猪瘟病毒给家兔静脉注射，每隔 6h 测温一次，连续 3d，如发生定型热反应则不是猪瘟，如无发热和其他反应则是猪瘟（原理是猪瘟病毒可使家兔产生免疫但不发病，而兔化猪瘟病毒能使家兔产生发热反应）。

4. 防治措施

平时的预防原则是杜绝传染源的传入和传染媒介的传播，提高猪群的抵抗力。严格执行自繁自养，从非疫区引进生猪要及时免疫接种，隔离观察 45d 以上。保持圈舍清洁卫生，定期消毒，凡进场工作人员、车辆和饲养用具都必须经过严格的消毒方可入场，严禁非工作人员、车辆和其他动物进入猪场，加强饲养管理，采用残羹饲喂要充分煮沸，对患病和疑似感染动物要紧急隔离，病死动物实行严格的无害化处理深埋或焚烧。加强对生猪出栏、屠宰、运输和进出口的检疫。

预防接种是预防猪瘟的主要措施，用猪瘟兔化弱毒苗，免疫后 4d 产生免疫力，免疫期 1 年以上。建议 28 日龄首免，60 日龄两次免疫接种。另外也可以在仔猪出生后立即接种猪瘟疫苗，2h 后再哺乳，对发生猪瘟时的假定健康猪群，每头的剂量可加至 2~5 头份。

（十一）猪繁殖与呼吸综合征（蓝耳病）

猪繁殖与呼吸综合征又称猪蓝耳病，是由猪繁殖与呼吸综合征病毒引起猪的高度接触性传染病。主要特征为发热，繁殖障碍和呼吸困难。病猪和带毒猪是主要的传染源，主要经呼吸道感染，也可垂直传播，亦可经自然交配和人工授精传播。感染无年龄差异，主要感染能繁母猪和仔猪，育肥猪发病温和。饲养卫生环境差、密度大、调运频繁等因素可促使本病的发生。

1. 主要症状

不同年龄和性别的猪感染后差异很大，常为亚临床型。

母猪感染后精神沉郁，食欲下降或废绝，发热，呼吸急促，一般可耐过。妊娠后期流产、早产、产死胎、木乃伊胎、弱仔或超过妊娠期不产仔。有的6周后可正常发情，但屡配不孕和假妊娠。少数耳部发紫或黑紫色，皮下出现一过性血斑。

仔猪发病表现毛焦体弱，呼吸困难，肌肉震颤，后肢不稳或麻痹，共济失调，昏睡，有时还发生结膜炎和眼周水肿。有的耳紫或黑紫色以及躯体末端皮肤紫绀，死亡率高。较大日龄的仔猪死亡率低，但育成期生长发育不良。

肥育猪双眼肿胀，结膜发炎，腹泻，并伴有呼吸加快，喘粗，一般可耐过。但严重病例出现后驱摇摆、拖曳，常于1~2d内死亡。

公猪食欲不振，精神倦怠，咳嗽、喷嚏，呼吸急促，运动障碍，性欲减弱，精液品质下降，有时伴有一侧或两侧睾丸炎，红肿和两侧睾丸严重不对称。

2. 病理变化

母猪、公猪和肥猪可见弥漫性间质性肺炎，并伴有细胞浸润和卡他性炎。流产胎儿可见胸腔积有多量清亮液体，偶见肺实变。

3. 治疗

尚无特效治疗药物，多采用对症治疗和注射抗菌素防治继发感染，降低死亡率。抗菌素可选用氟苯尼考，强力霉素，泰妙菌素，氧氟沙星等。中药用理肺散加味（理肺散：知母、栀子、蛤蚧、升麻、天门冬、麦冬、秦艽、薄荷、马兜铃、防己、枇杷叶、白药子、天花粉、苏子、山药、贝母、加味党参、白术、五味子、生地）煎汤喂服和拌料饲喂。

4. 防治措施

实行自繁自养，严禁从疫区引进猪只，若确需引种，应从非疫区引进，并实行严格的隔离观察，一般隔离饲养45d以上，并进行两次以上的血清学检查，阴性者方可混群饲养。改善饲养卫生条件，定期消毒，注意防寒保暖和祛暑降温，减少猪群应急和饲养密度。增强防疫意识，严格执行免疫程序，每年春秋用猪蓝耳病弱毒疫苗进行两次免疫接种，最好在首免后14d加强免疫一次以增强猪群的抵抗力。

三、中毒病防治

(一)黄曲霉毒素中毒

黄曲霉毒素中毒是生猪采食了经黄曲霉和寄生曲霉污染的玉米、麦类、豆类、花生、大米及其副产品酒糟、菜籽粕后,由黄曲霉和寄生曲霉产生的有毒代谢产物黄曲霉毒素损伤机体肝脏,并导致全身出血、消化功能紊乱和神经症状的一种霉败饲料中毒病。一年四季均可发生,但以潮湿的梅雨季节多发。多为散发,仔猪中毒严重,死亡率高。

1. 主要症状

中毒症状一般分为急性、亚急性、慢性 3 类,急性多见于仔猪,尤以食欲旺盛健壮的仔猪发病率高,多数不表现症状突然死亡。亚急性体温升高,精神沉郁,食欲减退或丧失,可视黏膜苍白,后期黄染,四肢无力,间歇性抽搐,2~4d 内死亡。慢性多见于成年猪,食欲减少,明显厌食,逐渐消瘦,生长停止,可视黏膜黄染,被毛粗乱泛黄,后期出现神经症状,多预后不良。

2. 治疗

目前尚无特效治疗药,排毒可投服硫酸镁、人工盐加速胃肠毒物排出,保肝解毒可用 20%~50% 的葡萄糖注射液、维生素 C,止血用 10% 氯化钙、维生素 K。中兽药用天麻散(党参、茯苓、防风、薄荷、蝉蜕、首乌、荆芥、川芎、甘草)拌料喂服。

3. 预防

不用发霉的饲料饲喂家畜。防止饲料发霉,加强饲料的仓储管理,严格控制饲料的含水量,分别控制在谷粒类 12%、玉米 11%、花生仁 8% 以下,潮湿梅雨季节还可用化学防霉剂丙酸钠、丙酸钙每吨饲料添加 1~2kg 防止饲料霉变。霉变饲料直接抛弃将加重经济损失,可用碱性溶液浸泡饲料,使黄曲霉毒素结构中的内酯环破坏,形成能溶于水的香豆素钠盐,然后用水冲洗去除毒素,再作饲料使用。

(二)菜籽饼中毒

菜籽饼中毒是由于长期和大量采食油菜籽榨油后的菜籽饼,由于菜籽饼含有含硫葡萄糖苷,经降解后可生成有毒物异硫氰酸酯、噁唑

烷硫酮和腈，引起肺、肝、肾和甲状腺等器官损伤和功能障碍的一种中毒病。多为慢性散发，全国各地都有发生、

1. 主要症状

患畜精神沉郁，呼吸急促，鼻镜干燥，四肢发凉，腹痛，粪便干燥，食欲减退和废绝，尿频，瞳孔散大，呈现明显的神经症状，呼吸困难，两眼突出，痉挛抽搐，倒地死亡。慢性病例精神萎靡，消化不良，生长停滞，发育不良。

2. 治疗

目前尚无特殊疗法，主要是对症治疗，发现病例立即停喂菜饼，急性大量采食的，可用芒硝、鱼石脂加水灌服排出胃肠毒物，同时静脉注射葡萄糖、安钠咖、氯化钠，以保肝、强心、利尿解毒。中兽药可用甘草、绿豆研末加醋灌服。

3. 预防

①限制日粮中菜饼的饲喂量，母猪和仔猪添加量不超过 5%，肥育猪添加量不超过 10%。②菜籽饼去毒处理后饲喂家畜，方法是将菜籽饼用水拌湿后埋入土坑中 30～60d 后再作饲料使用。③与其他饼类搭配使用增加营养互补，减少菜饼用量，防止过量中毒。

（三）亚硝酸盐中毒

亚硝酸盐中毒是动物摄入过量的含有硝酸盐和亚硝酸盐的植物和水，引起高铁血红蛋白症，造成病畜体内缺氧，导致呼吸中枢麻痹而死亡。当生猪采食富含硝酸盐的白菜、甜菜叶、萝卜菜、牛皮菜、油菜叶以及幼嫩的青饲料后引起中毒，特别是青绿多汁饲料经暴晒和雨淋或堆积发黄后饲喂最易中毒。有喂熟食习惯的地区，采用锅灶余温加热饲料和焖煮饲料易使硝酸盐转化为亚硝酸盐而导致家畜中毒。具有病程短，发病急，一年四季均可发生，常于采食后 15min 到 1～2h 发病，食欲旺盛、精神良好的猪最先发病死亡。

1. 主要症状

主要表现为呕吐、口吐白沫、腹部鼓胀、呼吸困难、张口伸舌、耳尖、可视黏膜呈蓝紫色，皮肤和四肢发凉，体温大多下降到 35～36℃，针刺耳静脉和剪断尾尖流出紫黑色血液，四肢痉挛和全身抽搐，最后窒息死亡。

2. 治疗

发现亚硝酸盐中毒时应紧急抢救，可用特效解毒药亚甲蓝静脉注射和肌内注射，并同时配合维生素 C 和高渗葡萄糖效果好。

3. 预防

严禁用堆积发黄的青绿饲料特别是菜叶饲喂家畜，改熟食饲喂为生食，青饲料加工储藏过程中要注意迅速干燥，严防饲料长期堆积发黄后再干燥储藏。加强亚硝酸盐中毒知识的宣传，也是预防此病的关键。

（四）有机磷农药中毒

有机磷农药中毒是家畜采食和吸入某种有机磷制剂的农药，引起体内胆碱酯酶活性受抑制，从而导致神经机能紊乱为特征的中毒性疾病，一年四季均可发生，但以农药使用多的春夏秋季居多。常用的有机磷农药主要有乐果、甲基内吸磷、杀螟松、敌百虫和马拉硫磷等。

1. 主要症状

采食有机磷农药和被农药污染的饲料后，最短的 30min，最长的 10h 出现症状，主要表现为大量流涎，口吐白沫，磨牙，烦躁不安，眼结膜高度充血，瞳孔缩小，肠蠕动音亢进，呕吐腹泻，肌肉震颤，全身出汗，四肢软弱，卧地不起，常因肺水肿而窒息死亡。

2. 治疗

停喂有毒饲料，用硫酸铜和食盐水洗胃，清除胃内尚未吸收的有机磷农药，急救用特效解毒药硫酸阿托品、碘解磷定、双复磷等，硫酸阿托品为乙酰胆碱对抗剂，首次给药必须超量给药猪按 0.5~1mg/kg 给药，若给药后 1h 症状未改善，可适量重复用药。碘解磷定为胆碱酯酶复活剂，使用越早效果越好，否则胆碱酯酶老化则难以复活，碘解磷定按 20~50mg/kg 体重给药，溶于葡萄糖或者生理盐水中静脉注射和皮下注射，对内吸磷、对硫磷、甲基内吸磷疗效好。但碘解磷定在碱性溶液中易水解成剧毒的氰化物，故忌与碱性药物配伍。双复磷作用强而持久，能透过血脑屏障对中枢神经症状有缓解作用，猪按 40~60mg/kg 体重给药，肌注和静注，对内吸磷、甲拌磷、敌敌畏、对硫磷中毒疗效好。

3. 预防

①加强对农药购销、保管、使用的监管，严防农药泛滥使用，减少毒源。②普及预防农药中毒知识的宣传，减少知识误区而引起的中毒。③加强对饲料采收的管理，严防带毒采收，和带毒饲喂。

四、寄生虫病

（一）猪蛔虫病

猪蛔虫病是蛔虫寄生于猪的小肠，引起猪的生长发育不良，消化机能紊乱，严重者甚至造成死亡的疾病。一年四季均可发病，以3~6月龄的猪感染严重，成年猪多为带虫猪成为重要的传染源。

1. 主要症状

仔猪感染早期，虫体移行引起肺炎，轻度湿咳体温可升至40℃，较严重者精神沉郁，食欲缺乏，营养不良，被毛粗乱无光，生长发育受阻成为僵猪。严重感染猪，呼吸困难，咳嗽明显，并有呕吐、甚至吐虫、流涎、腹胀、腹痛、腹泻等。寄生数量多时可以引起肠梗阻，表现疝痛，甚至引起死亡。虫体误入胆道管可引起胆道管阻塞出现黄疸，极易死亡。成年猪多表现为食欲不振、磨牙、皮毛枯燥、黄、无光、成索状等。

2. 治疗

用左旋咪唑片按 10mg/kg 混料喂服。连喂两天。也可用伊维菌素按 0.3mg/kg 皮下注射。

3. 预防

对散养户，仔猪断奶后驱虫一次，2月龄时再驱虫一次。母猪在怀孕前和产仔前 1~2 周驱虫一次。育肥猪每隔 2 个月驱虫一次。规模养殖场，对全群猪驱虫后，每年对公猪至少驱虫两次，母猪产前 1~2 周驱虫一次，仔猪转入新圈和群时驱虫一次，后备母猪在配种前驱虫一次，新引进的猪驱虫后再合群。同时搞好圈舍环境卫生，垫草、粪便要发酵处理，产房和猪舍在进猪前要彻底冲洗、消毒。

（二）猪囊尾蚴病

猪囊尾蚴病是由猪带绦虫的幼虫寄生于猪的横纹肌所引起的疾病，又称"猪囊虫病"。幼虫寄生于肌肉时症状不明显，但寄生于脑组织时出现神经症状，病情严重。猪囊尾蚴成虫寄生于人的小肠，是重要的人畜共患病。寄生有猪囊尾蚴的猪肉切面可看见白色半透明的囊泡，似米粒镶嵌其中故称为米猪肉。人感染取决于饮食卫生习惯，有吃生肉习惯的地区成地方流行，吃了未经煮熟的猪肉也可感染。

1. 主要症状

猪囊尾蚴主要寄生在活动性较大的肌肉中，如咬肌、心肌、舌肌、腰肌、肩外侧肌、股内侧肌、严重时可见于眼球和脑内。轻度感染时症状不明显。严重感染时，体型可能改变，肩胛肌肉出现严重的水肿和增宽，后肢肌肉水中隆起，外观呈现哑铃状和狮子状，走路时四肢僵硬，左右摇摆，发音嘶哑，呼吸困难。重度感染时触摸舌根和舌腹面可发现囊虫引起的结节。寄生于脑内时引起严重的神经扰乱、鼻部触痛、癫痫、视觉扰乱和急性脑炎，有时突然死亡。

2. 治疗

用吡喹酮按 50mg/kg 灌服，硫双二氯酚 30~80mg/kg 拌料喂服。

3. 预防

①加强白肉检疫，对病猪肉化制处理。②高发病地区对人群驱虫，排出的虫体和粪便深埋或烧毁。③改善饲养方法，猪圈养，切断传播途径。④加强卫生宣传，提高防范能力，不吃生肉和未煮熟的肉，减少人的感染从而减少虫卵排出再次感染的风险。

（三）猪细颈囊尾蚴病

猪细颈囊尾蚴病是由泡状袋绦虫的幼虫寄生于猪的腹腔器官而引起的的疾病。主要特征为幼虫移行时引起出血性肝炎、腹痛和虫体大量寄生时引起机能障碍及器官萎缩损伤等。细颈囊尾蚴又称水铃铛，呈乳白色，囊泡状，囊内有大量液体，囊泡壁上有一个乳白色长颈的头节，外形鸡蛋大小，镶嵌于器官的表面，寄生于肺和肝脏的水铃铛由宿主组织反应产生的厚膜将其包裹，故不透明，应与棘球蚴病区别。

1. 主要症状

轻度感染一般不表现症状，仔猪感染后症状严重，有时突然大叫后倒毙。多数病畜表现为虚弱、不安、流涎、消瘦、腹痛、有急性腹膜炎时，体温升高并伴有腹水，腹部增大，按压有痛感。

2. 治疗

用吡喹酮 50mg/kg 喂服。

3. 预防

①发病地区对犬定期驱虫，防止虫卵污染饲料。②禁止将患病动物的内脏，未经处理直接抛弃和喂犬，应深埋和烧毁，防止形成循环感染。③加强饲养管理，猪圈养，减少感染途径。

（四）猪弓形虫病

猪弓形虫病是由龚地弓形虫寄生于猪的有核细胞而引起的疾病，主要引起神经症状、呼吸和消化系统症状，是重要的人畜共患传染病。主要经消化道感染，也可以经呼吸道和损伤的皮肤黏膜感染，一年四季均可感染发病，广泛流行。

1. 主要症状

急性型多见于年幼动物，突然废食，体温升高达 40℃ 呈稽留热，便秘或腹泻，有时粪便带有黏液和血液。呼吸急促，咳嗽。眼内出现浆液性和脓性分泌物。皮肤有紫斑，体表淋巴结肿胀。孕畜流产和产死胎。发病后数日出现神经症状，后肢麻痹。常发生死亡，耐过的转为慢性。

慢性型病程较长，表现为厌食、消瘦、贫血、黄疸。随着病情发展可出现神经症状，后肢麻痹。多数能够耐过，但合并感染其他疾病则可发生死亡。

2. 治疗

尚无特效治疗药。急性病例用磺胺-6-甲氧嘧啶 60～100mg/kg 内服，另加甲氧苄胺嘧啶增效剂 14mg/kg 内服，每日一次，连用 5 次。也可用磺胺嘧啶 70mg/kg 内服，每日 2 次，连用 4d。

3. 预防

①防治猫粪污染饲料、饮水。②消灭鼠类，防治野生动物进入猪场。③发现病患动物及时隔离，病死动物和流产胎儿要深埋和高温处理。④禁止用病死动物的猪肉和内脏饲喂猫。⑤搞好猪场环境卫生，做好粪污的无害化处理。

（五）猪疥螨病

猪疥螨病是由节肢动物蜘蛛纲、螨目的疥螨所引起的一种接触传染的寄生虫病，疥螨虫在猪皮肤上寄生，使皮肤发痒和发炎为特征的体表寄生虫病。由于病猪体表摩擦，皮肤肥厚粗糙且脱毛，在脸、耳、肩、腹等处形成外伤、出血、血液凝固并形成痂皮。该病为慢性传染病，多发生于秋冬季节由病猪与健康猪的直接接触，或通过被螨及其卵污染的圈舍、垫草和饲养管理用具间接接触等而引起感染。猪疥螨病对猪场的危害很大，尤其是对仔猪，严重影响其生长发育，甚至死亡，给养猪业造成了巨大的经济损失。

该病流行十分广泛，我国各地普遍发生，而且感染率和感染强度均较高，为害也十分严重。阴湿寒冷的冬季，因猪被毛较厚，皮肤表面湿度大，有利于疥螨的生长发育，病情较严重。

经产母猪过度角化（慢性螨病）的耳部是猪场螨虫的主要传染源。由于对公猪的防治强度弱于母猪，因而在种猪群公猪也是一个重要的传染源。大多数猪只疥螨主要集中于猪耳部，仔猪往往在哺乳时受到感染。

猪螨病的传播主要是通过直接接触感染。规模化猪场的猪群密度较大，猪只间密切接触，为螨病的蔓延提供了最佳条件，因此猪群分群饲养，生长猪流水式管理，以及按个体大小对仔猪进行分圈饲养均有助于螨病的传播。

1. 临床症状

猪疥螨病通常起始于头部、眼下窝、颊部和耳部等，以后蔓延到背部、体侧和后肢内侧。剧痒，病猪到处摩擦或以肢蹄搔擦患部，甚至将患部擦破出血，以致患部脱毛、结痂、皮肤肥厚，形成皱褶和龟裂。病情严重时体毛脱落，皮肤的角化程度增强、干枯、有皱纹或龟裂，食欲减退，生长停滞，逐渐消瘦，甚至死亡。疥螨引起的过敏反应严重影响猪的生长发育和饲料转化率。

2. 治疗方案

（1）0.5%~1%敌百虫洗擦患部，或用喷雾器淋洗猪体。

（2）蝇毒磷乳剂0.025%~0.05%药液喷洒或药浴。

（3）阿维菌素或伊维菌素，皮下注射0.3mg/kg。

（4）溴氰菊酯溶液或乳剂喷淋患部。

（5）双甲脒溶液药浴或喷雾。

（6）多拉菌素 0.3mg/kg 皮下或肌肉注射。

3. 预防措施

（1）每年在春夏、秋冬换季过程中，对猪场全场进行至少两次体内、体外的彻底驱虫工作，每次驱虫时间必须是连续 5~7d。

（2）加强防控与净化相结合，重视杀灭环境中的螨虫：因为螨病是一种具有高度接触传染性的外寄生虫病，患病公猪通过交配传给母猪，患病母猪又将其传给哺乳仔猪，转群后断奶仔猪之间又互相接触传染。如此，形成恶性循环，永无休止。所以需要加强防控与净化相结合，对全场猪群同时杀虫。但在驱虫过程中，大家往往忽视一个非常重要的环节，那就是环境驱虫以及猪使用驱虫药后 7~10d 内对环境的杀虫与净化，才能达到彻底杀灭螨虫的效果。

（3）在给猪体内、体表驱虫的过程中，螨虫感觉到有药物时，有部分反应敏感的螨虫就快速掉到地上，爬到墙壁上、屋面上和猪场外面的杂草上，此外，被病猪搔痒脱落在地上、墙壁上的疥螨虫体、虫卵和受污染的栏、用具、周围环境等也是重要传染源。如果不对这些环境同时进行杀虫，过几天螨虫就又爬回猪体上。

（4）环境中的疥螨虫和虫卵也是一个十分重要的传染源。很多杀螨药能将猪体的寄生虫杀灭，而不能杀灭虫卵或幼虫，原猪体上的虫卵 3~5d 后又孵化成幼虫，成长为具有致病作用的成虫又回到猪体上和环境中，只有此时再对环境进行一次净化，才能达到较好的驱虫效果。

（5）另外，疥螨病在多数猪场得不到很好控制的主要原因在于对其危害性认识不足。在某种程度上，由于对该病的隐性感染和流行病学缺乏了解，饲养人员又常把过敏性螨病所致瘙痒这一主要症状，当作一种正常现象而不以为然，既忽视治疗，又忽视防控和环境净化，所以难以控制本病的发生和流行。

所以必须重视螨虫的杀灭工作。加强对环境的杀虫，可用 1∶300 的杀灭菊酯溶液或 2% 液体敌百虫稀释溶液，彻底消毒猪舍、地面、墙壁、屋面、周围环境、栏舍周围杂草和用具，以彻底消灭散落的虫体。同时注意对粪便和排泄物等采用堆积高温发酵杀灭虫体。杀灭环境中的螨虫，这是预防猪疥螨最有效的、最重要的措施之一。

第六章 黑猪产业发展的思路及建议

第一节 发展思路

一、建设恩施黑猪种源基地

一是按国家畜禽品种资源保护的要求，建立和完善恩施黑猪品种资源保护体系，夯实恩施黑猪产业开发基础。突出抓好恩施黑猪资源场建设，使恩施黑猪核心群保种规模不断扩大，确保恩施黑猪基因稳定，血缘家系不断丰富。二是建设好恩施黑猪种公猪站，提供优质公猪精液，改变恩施黑猪公猪生产和配种"多、乱、杂"的现象。三是建设恩施黑猪原种场，开展资源场选育优良恩施黑猪的扩群和提纯复壮工作，不断提高恩施黑猪整体质量，为实施猪源工程建设提供足够的优质种源。四是建设恩施黑猪扩繁场，选择良种母猪群体，加快育种速度，迅速扩大母猪群，提高母猪质量，培育产量高、品质好、生长速度快的恩施黑猪新品系。

二、发展有机生态牧业

来凤地处武陵山区，植被繁茂，清泉互达，山野沃土含自然沉积的千年精华，孕育的五谷万物，绿色且无工业污染，是发展生态养殖的适宜地方。我们可以充分利用山区的茶园、果园、药材园、良田，发展茶牧、果牧、药牧、粮牧结合的养殖模式，充分利用粮果副产物饲喂家畜，用药材防病治病，用猪粪尿作为茶、果、药、粮的肥料，减少或不用化肥。形成"鸡栖花枝迎日月，豕眠园林过春秋"的生态循环养殖模式，不仅可以提升产品附加值，也保护了生态环境。

三、发展企业加村集体组织加农户的发展模式

黑猪产业的发展帮助人民脱贫致富，光靠个人单打独斗难见成效，必须依托政府招商引资引进企业、规划区域、出台奖励政策、维

护秩序,由村集体经济组织发展农户适度规模生产,并由企业制定发展规划、模式、方案、提供资金技术支持,从而形成上下齐动、内外兼顾的政府统筹、农户受益、企业获利的发展格局。

四、打造民族特色品牌、主营高端消费

恩施黑猪是地方特色品种,在保持传统生态饲养习惯的基础上,引入现代养殖理念,不断选育更新,充分利用优质遗传基因,发展特色品系,并在此基础上着力打造具有地方特色、人文情怀的品牌产品。恩施黑猪肉具有香味浓、肉质脆、营养价值高等特点目前走大众消费利润微薄,且受白猪肉消费占主导的影响,所以必须谋划高端消费市场,面对沿海发达经济城市和消费群体,由高端消费、健康消费引导大众消费逐渐转型而扩大市场。

五、发展旅游牧业、订单牧业

武陵山区被誉为周边城市的后花园,是旅游观光的好地方,随着人民生活水平的提高,对健康生活的要求也在提升,并对日益繁杂、喧闹的城市生活逐渐厌倦,会有更多的人走出城市到乡村旅游调节身心,我们可以建观光养殖场,让游客在欣赏自然风光之余,亲自体验、饲喂养殖家畜,目睹健康绿色养殖,并在此基础上发展订单牧业(即旅游者可以根据自己的需要选择所需的牲畜和饲料配方,由养殖场负责按个人要求饲养,旅游者可以通过平时的旅游来观察饲喂,年底可以按旅游者的要求宰杀、熏制并邮寄;另外,特别要重视加大与城市大型肉联企业和生鲜肉连锁超市的结合,发展订单牧业)。

六、完善精深加工

恩施黑猪产业的持续健康发展离不开精深加工业的发展,只有对恩施黑猪肉进行精深加工,开发出不同类型的恩施黑猪肉产品,提升产品附加值,不断提高产前、产中、产后各个相关环节的利益,并满足消费市场的更高需求,才能促进产业持续发展。

第二节 发展建议

一、加大政策支持力度

结合恩施黑猪发展实际,及时出台产业鼓励政策,在土地、资

金、人才等方面给予支持。按照整合资源、捆绑资金、集中扶持、以点带面的要求，多渠道筹集资金，扶持恩施黑猪产业发展。建议对恩施黑猪产业化建设实施"一保四补"的扶持政策。一保：对恩施黑猪能繁母猪开展政策性保险。四补：对能繁母猪给予补助；对品种资源场给予补助；对家庭牧场的标准化栏舍、粪污处理等基础设施建设给予补助；对家庭牧场贷款进行贴息。

二、根据自身定位，适度发展

恩施黑猪产业的发展要根据当地的实际情况，比如地理位置、饲料资源、产品销路、市场需求等因素进行综合考虑，适度理性发展，不能盲目跟风扩大生产，不能千篇一律一个思维。只有因地制宜、因人制宜、因时制宜，才能让农民增收。

三、良心生产，诚信经营

恩施黑猪肉产品是一个地方特色产品，要保持它的自然、绿色、健康特性，必须用自己的良心去精细饲养、安全生产，不要让利益迷住了心窍、胡乱添加、舍本逐末而毁了产品原始生态的特性，也毁了产业的发展前景。

参考文献

［1］ 张红伟，董永森．动物疫病［M］．北京：中国农业出版社，2009.1，29-56.

［2］ 褚秀玲，吴昌标．动物普通病［M］．北京：化学工业出版社，2009.9，7-10，155-171.

［3］ 规模化猪场免疫程序地址．中国养猪技术网，2012-11-27，2016.12.

［4］ 中国家畜起源论文集．百度文库，1993，2016.12.

［5］ 生猪饲养与繁殖技术．中国百科网，2016.12

［6］ 袁欣欣.中国黑猪品种介绍.农业之友网，2016.7.6，2012.12.

［7］ 丁山河，陈红颂．湖北省家畜家禽品种志［M］．湖北科学技术出版社，2004.2015.12.

编写：谭德俊　朱　麟　李　杨　陈家祥

藤茶产业

第一章 概 述

在恩施大山的深处，孕育着一种具有千年悠久历史的奇特之茶——藤茶。土家族人已有 3000 年的藤茶饮用历史，他们因藤茶而长寿、因藤茶而年轻，神奇的土家藤茶已经成为茶家族里一颗绚丽璀璨的明珠。

第一节 藤茶的来源及分布

一、藤茶的来源

藤茶，俗称端午茶、长寿藤、藤婆茶、龙须茶，以恩施生产的天然富硒藤茶最为著名，系葡萄科蛇葡萄属显齿蛇葡萄的嫩茎叶。此茶色泽绿，起白霜，初入口微苦，回甘快而持久。

藤茶最早被称为古茶钩藤，《诗经》中早有记载；唐朝茶坛宗师陆羽在《茶经》里将其命名为藤茶，后人将此美名一直沿用至今。藤茶是一种非常古老的药食两用植物，早在 3 000 年前的远古时期，神农尝百草时就发现了藤茶。明嘉靖年间，容美土司田世爵将藤茶进献给皇帝，大受嘉奖，此后，土家"贡品藤茶"名声大振。

《全国中草药汇编》记载：藤茶味甘淡，性凉，具有清热解毒、降暑生津、降脂降压、祛风湿、强筋骨、消炎利尿、抗心律失常、抗心肌缺血、缓解酒精作用等功效。长期饮用对皮肤癣癞，黄疸性肝炎，感冒风热，咽喉肿痛，急性结膜炎，痛疖，高血压，高血脂，高血糖，护扶养颜等都有极好作用。《救荒本草》《中华本草》及《中草药论辩》等中医古籍都有相关记载，民间对藤茶素有"三两黄金一两茶"的赞誉。

二、藤茶的分布

藤茶主要分布于我国长江流域以南的广东，广西（桂平、平南、隆林、岑溪等地），湖南（茶陵县、江华、衡阳、怀化、湘西），江西（南部定南县、萍乡、资溪、黎川、井冈山等地），福建（南靖、上杭、建宁、南平、建瓯、武夷山），云南，贵州等地。在湖北省内，藤茶植物主要分布于鄂西南山区，特别是恩施州的来凤县盛产野生藤茶，该地区除了分布显齿蛇葡萄（藤茶）外还分布有同科同属植物大叶蛇葡萄、光叶蛇葡萄等。

第二节　发展藤茶产业的重要意义

一、藤茶的主要营养成分

藤茶内含丰富的黄酮类、有机酸、糖甙类、酚类物质、膳食纤维、胡萝卜素、氨基酸、维生素和多种人体必需的微量元素。经国内贸易部食品质量监督检验测试中心（上海）的化验分析，它含有17种氨基酸及丰富的维生素 C 和蛋白质，还含有丰富的 K、Ca、Mg、Fe、Cu、Zn、Mn、Se、Na、F、I 及 Co 等微量元素（表 1–1）。与《食物成分表》中茶叶类相比，其营养成分较齐全，优于一般茶叶，尤其是黄酮类化合物和硒的含量远高于其他茶品。藤茶不含茶碱和咖啡因，在植物界中黄酮含量最高，硒含量丰富，是一种集营养、保健、药用功能于一体的新型保健品。

表 1–1　金祈藤茶各项数据　　　　　单位：g/100kg

营养成分	总黄酮	胡萝卜素	维生素 E	铁	钙	镁	锰
含量	3 500	0.00523	0.00632	0.0101	0.4113	0.1216	0.0689
营养成分	钾	磷	硒	锌	膳食纤维	蛋白质	碳水化合物
含量	0.4689	0.3441	0.0822	0.00185	1.46	20.4	50.5

来源：中国预防医学科学院与食品卫生研究所

二、藤茶的营养生理作用

藤茶中含有大量的黄酮类化合物，其主体物质为二氢杨梅素，它对自由基的清除率高达 73.3%～91.5%，可减轻机体内氧化损伤，具有抗衰老的作用，能抑制体内血栓的形成，对降血脂有独特效果。藤茶还能减轻动物肝组织的变性和坏死程度，有保肝护肝之作用。经国家茶叶、营养、药物学研究等权威机构检测表明：藤茶含有 19 种人体必需的营养成分和微量元素。它的钙、铁、镁含量高，对心律失常、心肌缺血、高血压、冠心病、动脉粥样硬化等心血管疾病有较好的预防作用，对骨质疏松有很好的保健作用。许多重要的酶类中都含有 Zn，缺 Zn 会引起人体生长停滞、贫血、糖尿病和慢性胃炎等，而藤茶有含量较高的 Zn，因此，能有效调节血糖等。

藤茶富含的膳食纤维、胡萝卜素和维生素 E，对癌症有较好的预防作用。藤茶锰含量高，极有利于长寿。藤茶茎叶提取物对金黄色葡萄球菌、枯草杆菌、黑曲霉、黄曲霉、青霉及交链霉均有不同程度的抑制效果，对黑曲霉、黄曲霉最低抑制浓度分别是 0.7%、1.1%，对金黄色葡萄球菌、枯草杆菌最低抑制浓度均小于 0.07%。进一步研究发现：藤茶中黄酮类化合物对金黄色葡萄球菌、甲型链球菌、绿脓杆菌和大肠杆菌有明显的抑制作用，为主要功效成分之一。藤茶的抑菌实验显示对金黄色葡萄球菌、白色葡萄球菌、乙型链球菌、奈氏菌、大肠杆菌、福氏痢疾杆菌、伤寒杆菌、绿脓杆菌均有较好的抑制作用，临床上用藤茶抑菌作用来治疗外科疮疡，由金葡萄感染所致的骨髓炎等，疗效确切。藤茶总黄酮能提高胃蛋白酶活性，促进小肠运动，可以助消化，特别是对胃胀、胀疼、腹泻、便秘效果很明显。

来凤藤茶因富含硒，可清除过氧化物，硒具有抗氧化、防衰老、清除自由基、增强免疫、保证精子活力、预防肿瘤、参与激素代谢、防治克山病、大骨节病、抗病毒、颉颃重金属离子的毒性、保护细胞膜的作用等。

三、藤茶深加工产品的开发价值

目前，除了加工类茶产品外，藤茶已有藤茶饮料、藤茶果冻、藤茶保健含片、藤茶保健挂面、藤茶素胶囊、藤茶果丹皮、藤茶啤酒、藤茶饼干、藤茶牙膏、藤茶口香糖、藤茶洗面奶、藤茶洗发露和复方藤茶等产品。由于藤茶深加工产品具有风味新奇、食用方便、使用简单等特点，深加工产品的研制和加工逐渐成为了食品行业、化妆品行业尤其是茶类行业中的一种新的潮流，寻找和开发新的类茶植物资源则成为了其中的关键。就藤茶而言，开发深加工茶产品具有许多优势。一是藤茶主产于我国，在开发中我们具有资源优势；二是藤茶中含有许多对人体有益的功能成分，且目前已经清楚其中的主体功能成分，生产的产品可从功能成分"量"的角度进行质量控制，同时也便于产品的宣传。因此，将藤茶开发深加工茶产品将会具有较好的经济效益和社会效益。

四、有利于藤茶产业可持续性发展

2010 年以前，藤茶的生产加工所用原料均来自于野生藤茶，由于对野生藤茶缺乏保护以及对藤茶采摘缺乏指导，农户在采摘野生藤茶时大多是破坏性、毁灭性采摘，导致来凤县的野生藤茶资源大面积减少且植被受到严重破坏。发展藤茶产业，可以保护来凤藤茶的资源，让藤茶具有可持续性发展。

五、带动地方经济发展和农民脱贫致富

发展藤茶产业，开展藤茶种植基地建设，农户通过种植藤茶，每亩收益从传统种植 1 000 元左右可提高到 4 000 元以上，提高农民的收入，增强群众的获得感、幸福感，大力发展藤茶产业不仅仅是农民种植增收，也可带动当地就业率，更能促使藤茶加工企业发展，形成一个良性循环可持续性发展，为当地的经济发展和农民脱贫致富提供支撑。

六、有助于茶旅融合新模式的发展

恩施地处武陵山区腹地，境内多属低山或二高山地区，土壤肥沃，植被丰富，四季分明，冬无严寒，夏无酷暑，是出产名优茶的理想之地，恩施又有迄今为止世界上发现的唯一独立硒矿床，被称为世界硒都，这是恩施茶产业得天独厚的优势，又与目前饮食行业的健康、绿色环保相结合，茶叶已成为恩施州的一大特色经济优势产业。恩施也是一个生态旅游城市，大力发展藤茶产业，尤其是富硒藤茶，有助于促使茶旅融合新模式的发展，这也将成为农民增收、企业增效的富民产业，是构建和谐社会、产业富民和建设新农村的亮点。

第三节　藤茶产业的发展概况

一、来凤县藤茶产业发展现状

来凤县境内丘陵低谷、河谷盆地土壤类型以砂壤土为主，多为历

年西水河等河流的冲积土，是农业种植极为理想的地区，通过来凤县400 多名行政干部和技术干部历经 3 个多月深入来凤县 188 个村进行来凤县野生藤茶资源普查发现，在恩施州现有 13 种葡萄科蛇葡萄属植物中，来凤县以显齿蛇葡萄、浅齿蛇葡萄、三叶蛇葡萄为主，其中以显齿蛇葡萄野生资源最为丰富。据农业普查，来凤县宜种植藤茶面积在 12 万亩以上，特别是在来凤县三胡乡、旧司乡、革勒车乡山上生长着大量的野生藤茶。

近年来在来凤县委、县政府高度重视下，按照"公司+基地+专业合作社"的产业发展模式，大力推进藤茶产业的发展，通过几年的发展，公司不断发展壮大，藤茶产业成为来凤县的富民产业、支柱产业之一。2012 年以来，来凤县共发展藤茶面积 21 310 亩，分布在除翔凤镇外的 7 个乡镇 66 个村，2016 年有藤茶企业 3 家（来凤凤雅藤茶生物有限公司、来凤县向班贵藤茶有限公司、藤壹藤茶有限公司）、藤茶种植专业合作社 24 家，带动 8 000 多农户（其中建档立卡3125 户）、增收 1.5 亿元。截至 2016 年年底，来凤县共建成 7 个藤茶初加工厂，全部初加工厂满负荷开机加工，年可加工干茶 1 000t（100 万 kg），折合鲜叶 4 000t（400 万 kg）。2013 年来凤县藤茶产值7 889.2 万元，2014 年 2.18 亿元，2015 年 4.18 亿元，2016 年 4.62亿元。

二、来凤县藤茶产业发展的问题

2010 年以前，藤茶的生产加工所用原料均来自于野生藤茶，由于对野生藤茶缺乏保护以及对藤茶采摘缺乏指导，农户在采摘野生藤茶时大多是破坏性、毁灭性采摘，导致来凤县的野生藤茶资源大面积减少且植被受到严重破坏。由于野生藤茶资源大面积减少，良种繁育技术发展滞后，人工繁育规模小，藤茶种植需要的种苗供应不足。部分藤茶生产原料依然来自野生藤茶，造成野生资源破坏，标准化人工种植基地依然不足，藤茶鲜叶产量无法满足龙头企业加工需要。

三、来凤县藤茶产业发展重点

今后需加强野生藤茶资源保护，建设人工藤茶繁育基地，提高种苗供应能力。加强种植示范基地建设，完善棚架等设施，开展藤茶标准化种植技术示范，加强来凤藤茶种植技术规程研究的推广应用，提高农户藤茶栽培水平，提升藤茶产量和品质。进一步开展藤茶精深加工，提高资源利用率和产品附加值，加强产品推介，进一步拓宽产品市场。

四、来凤县藤茶产业发展前景

随着人们生活水平的日益提高，产生了从渴求温饱到追求健康的观念转变。藤茶是一种新型的保健茶饮，富含黄酮和人体必需的硒元素，具有很好的抗菌消炎、保肝护肝、降脂降压、抗癌防癌等作用，对三高人群、亚健康人群具有极好的保健和预防功效，国内专家对藤茶产业的评价为：蓝海产品、空白市场、蜜蜂型企业。藤茶作为一种茶饮，同领域的红茶、绿茶的市场占有率已趋饱和，作为一个新产品上市，藤茶具有独特的口感，自然回甘持久，加之以其独特的保健功效，具有极强的市场竞争力。前期市场推广情况表明，藤茶是一种具有广阔市场前景的产品。

第二章 藤茶的形态特征及生长环境

第一节 藤茶的形态特征

藤茶系木质藤本植物（图2-1为藤茶的根），茎攀缘（图2-2），分枝或少分枝，小枝圆柱形，有显著纵棱纹，无毛，节膨大。卷须2分叉，弯曲，相隔2节间与叶对生。叶为1~2回羽状复叶，叶柄长1.5~3cm，无毛，托叶早落，枝上部叶几无柄，顶生小叶具柄，侧生小叶无柄，少偏斜，两面均无毛，侧脉3~5对，网脉微突出，最后一级网脉不明显。2回羽状复叶者，基部1对为3小叶，小叶卵圆形、卵椭圆形、长椭圆形，长2~5cm、宽1~2.5cm、顶端急尖或渐尖、基部阔楔形或近圆形，边缘每侧有2~5个锯齿，上面绿色，下面浅绿色（图2-3）。枝端或叶腋生聚伞花序，与叶对生，长3.6cm，直径2.3~5cm，有梗，长4cm，包片小，三角形；花萼盘状，直径2.2mm，花瓣5片，长圆形，长2mm，雄蕊5枚；花盘浅杯状。果为浆果近球形，成熟时紫黑色，直径3~6mm。花期5—8月或6—9月，果期7—11月或8—12月。

图2-1 藤茶的根

图 2-2　藤茶的茎　　　　　图 2-3　藤茶的枝叶

第二节　藤茶的生长环境

影响藤茶原料生产和质量的因素主要有空气、灌溉水和土壤等自然条件。野生藤茶多集中或散生在阳坡或阴地的混杂林中和山地沟边。伴生的灌林和草本植物主要有野漆树、刺、山莓、芒及芒萁等，另外还稀疏伴生有杉木、枫香等乔木。北纬30°独特的地理环境造就了来凤藤茶具有"植物总黄酮含量""硒元素含量""营养成分的全面性"3个方面排名第一，药用和保健价值雄冠八大藤茶产区。

一、土壤环境

藤茶对土壤的适应性较强，从酸性到碱性都能生长，但是以疏松深厚、有机质丰富、略偏酸性的红黄壤或肥沃沙质壤土为宜。地势对藤茶的生长也有一定的影响，一般而言，藤茶适宜的海拔高度一般在300~1 500m。山地的坡向由于光照、温度及受风状况等不尽相同，也有较大差异，通常南坡光照足，日照时间长，其茶叶质量要优于北坡，选择作为园地的坡度也不宜过大（一般45°以下）。若选择平地或稻田作为茶园时，应开好深沟用于排水。

二、水环境

水分是藤茶生长发育的基本条件，也是茶叶产量和质量的保证，选择园地的时候应当充分考虑园地的灌溉用水，且水质的要求应符合农田灌溉用水标准。

三、大气环境

一方面，大气中含有藤茶生长发育的必需物质，如二氧化碳、氧气等，另一方面，大气中存在的一些铅、氮氧化物等严重影响藤茶的品质和质量安全。因此在选择园地的时候要选择生态条件良好，远离污染源如工矿厂、车站码头、公路交通要道等，在农村要远离砖瓦厂、炼焦厂等，避免有害气体污染。

四、气候环境

一般当天气温在5d内持续10℃时，即可萌芽，最适气温为20～25℃，秋季气温下降至8℃时，叶片开始发黄脱落。在雨量充足、灌溉良好、土壤肥沃的情况下，全年生长无明显的休眠现象。

来凤县位于恩施西南边陲，海拔600～1 200 m，年平均气温15.9℃，全年平均降水量1 580mm，相对湿度为80%，年日照时数为1 400h左右，全年无霜期280d，自然气候条件优越，土质深厚肥沃，非常适合藤茶的生长。

第三章 藤茶的种植技术

第一节 藤茶的繁殖技术

藤茶是一种可以人工繁殖栽培的植物。其繁殖方法分为有性繁殖和无性繁殖两类，前者是利用种子进行播种育苗，后者是利用藤茶树的营养体进行育苗。

一、有性繁殖

从藤茶树上采集充分成熟的果实，将果实洗干净去皮、去果肉和去除发育不良的种子，颗粒饱满的种子晒干备用。选择排灌方便的红黄壤或肥沃沙质壤土，进行深翻（深20~30cm），待来年开春后亩施猪牛栏粪肥、饼肥等有机肥作基肥，根据土壤酸碱度还可以施相应的酸碱性肥料以调节 pH 值。然后把土地整成宽 100cm 左右、高 15~25cm 的苗床，苗床间留 30~40cm 的步道。用清水进行浸种 1~2d，再把种子捞起沥干水，用湿布保湿，待有 20%~30% 的种子露白时即可播种，播种后覆土 1~2cm，盖上薄膜。待幼苗长出后进行土、肥、水、搭架、打顶、除草等田间管理。

二、无性繁殖

无性繁殖是一类不经过两性生殖细胞的结合，由母体直接产生新个体的生殖方式。藤茶的无性繁殖主要采用常规的营养繁殖。营养生殖是由高等植物的根、茎、叶等营养器官发育成新个体的生殖方式。例如，甘薯的块根繁殖、草莓的匍匐茎繁殖及秋海棠的叶芽繁殖等，均为自然营养繁殖。农业、林业和园艺工作上常用分根、扦插、压条和嫁接等方法，把植物营养器官的一部分与母体分离，使其发育成新个体，这属于人工营养繁殖。组织培养也是人工营养繁殖的一种方法。通常情况下藤茶主要采用扦插繁殖。

（一）组织培养

植物组织培养是指在无菌条件下，将离体的植物器官、组织或细胞接种于人工配制的培养基上，在一定的光照和温度条件下进行培养，使其长成完整的植株，由于培养物脱离母体，所以也叫离体培养。

藤茶组织培养的过程如下。

选择合适的外植体（藤茶带芽茎段）→外植体消毒→在超净工作台上，用镊子将藤茶带芽茎段接种到初代培养基上进行初代培养，诱导芽的萌发，培养40d后获得无菌苗→取初代培养的无菌苗，截去基部的愈伤组织及多余的叶片，保留2～3片真叶，接种到诱导愈伤组织发生的培养基进行培养，培养30d→将初代培养中已萌发的藤茶芽基部的愈伤组织切除，再切去多余的叶，保留2～3片真叶，接种到继代培养基（增殖培养基）上进行继代培养，培养繁殖大量有效的芽和苗，培养30d→经数次继代增殖培养后，获得较多的藤茶无菌芽，选择较健壮的无菌芽，将基部的愈伤组织和叶切除，再切成每段具有1～2个腋芽的茎段，转入诱导腋芽萌发的培养基进行分化培养，培养40d→经过分化培养后，选择苗高约1.5cm的藤茶无根苗，切除基部愈伤组织，去除底部叶片，保留2片真叶接种到壮苗培养基上进行壮苗培养，培养30d→将经壮苗培养的藤茶芽基部的愈伤组织切除，并去除多余的叶，转入生根培养基进行生根培养→将经过壮苗培养的生根苗从培养瓶中取出，将基部的培养基洗净，移栽入装有炼苗基质的小花盆中，浇透水，并在花盆顶部罩上透明的塑料薄膜，以保湿。将移栽苗置于培养室炼苗，并浇以改良霍格兰营养液，以提供足够的营养。

（二）扦插育苗

选择地势开阔、阳光充足、排水良好、交通便利、生态条件良好，远离污染源（车站、机场、工业区等）并具有可持续生产能力的农业生产区域作为苗圃地。苗圃地宜选择疏松深厚、有机质丰富、弱酸性的砂壤土，坡度不宜过大；平地或者稻田作为苗圃地时，要开好深沟用于排水，以降低地下水位，当然也要注意水源条件，藤茶苗不耐干旱，遇到干旱时要及时供水。

1. 园地的准备

将土地进行深翻（深20～30cm），结合坡地修筑梯田和排水沟，进行深翻，表土内翻，底土外翻。结合深翻改土，施腐熟农家肥（按 NY/T394—2000 的规定执行）240～300t/hm²，还可根据土壤酸碱度施相应的酸碱性肥料以调节土壤 pH 值。若苗圃地中杂草、虫子等较多，可在圃地表面焚烧秸秆等有机杂物或用适当浓度的杀菌剂、杀虫剂喷洒圃地进行土壤消毒。然后把土地整成厢宽 100～120cm、厢沟宽 30～40cm，厢高 15～25cm 的苗床，苗床取南北向避免阳光直射，起垄苗床洒水后用塑料黑膜全厢面覆盖，覆膜时做到实、紧、严，以控制杂草的生长和保持土壤温度。在整好的土地上挖坑，每亩地按栽培密度打坑，坑直径 25～50cm，深度 25～40cm，每窝填 15～20kg 腐熟农家肥，覆土厚 6～10cm。

2. 扦插条的准备

选用茎粗 0.2～0.4cm，1～2 年生健壮藤茶枝条作扦插材料。扦插枝长 13～15cm，每枝留 3～4 节。枝顶端斜口，枝下端斜口，两端口距节 0.5～1.0cm（图 3-1）。

图 3-1　准备扦插枝条

3. 扦插时间与方法

扦插时间为 12 月上旬至 1 月上旬，以气温不低于 10℃时开始扦插为宜。用 10cm×10cm 打孔器打孔。扦插密度以 120 万～150万株/hm² 为宜，扦插时直插、斜插均可，边剪边扦插，地上枝留 1～2 节。扦插后压实孔穴，并及时浇透水，视温度情况加盖遮阳网或加棚覆盖以提高温度。有条件的可以在扦插前将剪截好的插条进行生根处理，生根处理的方法是先将插条基部在清水中浸泡约24h，然后在浓度50mg/L的ABT生根粉中浸泡4~8 h，也可在浓度100mg/L的萘乙酸（NAA）中浸泡8~12h，还可在25 mg/L 吲哚丁酸（IBA）中浸泡8~12h，浸药后，拿出来用清水冲洗掉插条表面的药剂即可扦插。

4. 扦插苗管理

藤茶扦插苗管理的关键：前期是水、保成活；中期是肥、保旺长和修剪保形；后期是控、防病虫保枝叶完好和促进枝梢充实。

藤茶生根的关键是保持苗床的温度、湿度以及苗床土壤的通气性，并且需要精心管理如遮阳、浇水等一些列措施。藤茶生根需要充足的水分和适宜的温度。插条生根的最适土温为20~25℃，空气的相对湿度保持在85%以上（进行保湿时先将水进行晾晒，使水温和苗床土温相近），土壤中氧的浓度在10%左右。早春地温回升较慢，既要保持空气和土壤湿度，又要提高地温以促进生根，生产上采取覆盖地膜外加喷水保湿等措施。一般地温稳定在10℃以上，扦插15~20 d后即可萌芽，当新梢长度达10cm以上时可追施一些氮肥，如尿素、碳铵等，促进藤茶枝叶根系旺盛生长。当扦插苗新梢长度长至30cm以上开始打顶，间隔20 d打顶一次。整个扦插育苗过程中应当保持苗床不干旱、不渍水，无杂草（图3-2）。

图3-2　苗圃

5. 苗木出圃

扦插苗经 6~9 个月苗床培育，可以准备出圃。出圃起苗时一般选在苗木的休眠期进行，即从秋季落叶后到春季树液流动前起苗。

起苗前，如圃地干旱应提前灌水，使土壤潮湿、疏松，这样起苗时既省力又不伤根。起苗时要保护苗木根系，防止风吹日晒，避开大风、干燥、有霜冻或雨天起苗。

藤茶苗木较小多采用人工起苗。小苗在起苗后进行假植培育达到出圃要求时再出圃。大苗可以直接出圃进行大田移栽，如不直接移栽也可以假植保护苗木。

假植可选背风隐蔽处，挖 10~20cm 深的假植沟，将苗木根系放入沟中用湿细沙或者湿河沙埋住苗根，边埋边抖动苗干，然后踏实即可。长期假植应考虑假植期内苗木生长所需的空间问题。

出圃苗木调运需要在相关部门进行苗木检疫。调运途中注意苗木保护、保水保湿。

藤茶枝条经苗床扦插育苗、提纯复壮后大田移栽，建园技术与下面介绍的藤茶枝条直插建园技术（第二节 第一至第四条）一致。

第二节 藤茶枝条直插建园技术

来凤藤茶种植在实际生产中普遍采用藤茶枝条直插建园技术，即选取符合规格的藤茶枝条不经苗床培育直接在大田一次性扦插快速建园，能达到快速取枝、快速投产丰产、快速更新老园的目的。

一、园地选择

根据来凤县的情况，选择海拔 400~800m，坡度 45°以下，极端低温小于-4℃，地下水位低于 1m，有机质含量丰富、弱酸性土壤，排灌方便，土层深厚的沙质壤土坡地、山地建园。

二、扦插时期

以春插为主，秋冬插为辅。气温降到 10℃后升至 22℃前，即地上部落叶后的深秋初冬至萌芽前的冬末春初为宜，最迟 3 月 20 日"春分节"前结束，并避开平均气温 5℃以下的 1 月"小寒、大寒节气"直插。

春插应在枝条叶片落完后将其采下剪好贮藏于地势高排水通畅的土壤中，方法是起沟平放枝条并用细土全部覆盖，利用大自然调节温湿度，"立春"后再插。

三、扦插规格

株行距40cm×110cm，亩扦插1 500~3 000株。

四、园地整理

1. 整地

全园除草、深挖一锄，围沟、腰沟、厢沟要沟沟相通，利于排水。

2. 起垄施肥

按行距110cm划线起垄，起垄时亩沟施750kg专用有机肥，垄高出土面20~30cm（图3-3）。

3. 覆膜

用0.12mm（12个丝）以上的双色膜覆垄，保温、保湿提高插枝成活率，同时防除杂草。

图3-3　起垄

五、扦插条的准备

1. 规格

一级枝，采多年生枝条为宜，茎粗≥0.5cm，茎长≥40cm；二级枝，宜采多年生枝条，茎粗≥0.3cm，茎长≥40cm。枝条上端离芽0.5cm剪成45°斜口防滞水，下端剪成平口（利于多生根），枝条长度保证在40cm以上（图3-4）。

图3-4　剪好的扦插枝条

2. 质量要求

（1）茎粗是指藤茶扦插枝基部的最大直径，茎长是指藤茶扦插枝条的最大长度，所采购的枝条必须无断枝、干枝、杂枝。

（2）枝条要求色泽正常，无检疫性有害生物，必须具有"三证一签"；交货时须提供植物检疫证和种苗标签。

3. 包装

每捆100枝。

六、扦插技术

1. 生根粉溶液浸枝

生根粉溶液的比例，可以参考具体品牌生根粉的说明，一般根据发根难易程度来决定浸泡的时间，比较容易生根的当年枝时间可短一点，比较难生根的一年生以上枝条时间可长一些，浸枝只浸基部（图3-5）。注意一般的生根粉都不能和碱性药剂一起用。

2. 分级扦插

一级苗扦插在一起、二级苗扦插在一起。

图 3-5　扦插枝条用生根粉浸泡

3. 扦插

扦插入土深度 15cm 以上，枝下端隔离基肥 3cm 左右，避免引起烂蔸缺株；并保证至少 2 个芽露出土面。

图 3-6 为覆膜扦插情景，图 3-7 为直插建园效果图。

图 3-6　覆膜扦插

图 3-7　直插建园效果图

第三节　大田管理

一、打顶与搭架

幼苗定植后，当新梢长到 10~15cm 时，可追施一些氮肥，如尿素、碳铵等，促进生长。

当幼苗新梢长到 20~30cm 时开始打顶，以后每隔 10~15 d 打顶 1 次。当藤茶长到 40~50cm 时，应及时搭架，可用竹竿搭架或牵粗铁丝搭架，以篱笆式搭架为主（图 3-8）。

图 3-8　搭架

二、中耕除草

在藤茶萌芽至枝长 10~15cm 时中耕除草，每隔 30d 中耕除草、保墒 1 次，7—8 月停止除草（图 3-9）。

图 3-9　除草

三、保水保湿

藤茶整个生长期应保持湿润，遇着干旱要灌水，遇着大雨要排水防渍。

四、施肥

全年建议施肥 2~3 次，基肥在冬剪后开沟深施，沟深 20cm 左右，每亩 1 500~3 000kg 腐熟有机肥，或有机质含量 40%的有机肥 150~200kg，施肥后及时盖土。第二次施肥应在藤茶采收前 30d 左右开沟追肥，以氮肥为主配施磷、钾肥，沟深 10cm 左右，每亩施用量（纯氮计）不要超过 15kg，施肥后及时盖土。若要采摘夏秋茶可在春茶采摘后进行第二次追肥，夏茶采摘结束后进行第三次追肥。施肥要结合中耕，土肥混合，及时浇水，防止烧根熏叶。在定植小苗的茶园，可在行间间种多年生豆科、禾本科或十字花科等绿肥，并定期刈割覆盖地面或结荚后深翻作基肥，使其自然分解腐烂。

五、剪修

藤茶整形可以按篱式双面采摘栽培模式、柱式立体采摘栽培模式、半圆形幅面采摘栽培模式、矮墙式表面采摘栽培模式等模式进行，但以篱式双面采摘栽培模式最好。篱式双面采摘栽培模式：立柱要保持地面部分 1.5m，立柱间隔 2~3m，立柱间用铁线连接（也可以用竹木），横线分三层，下层离地 30~40cm，二层和三层的距离为40~50cm，立柱两端拉紧。平均将侧蔓引到三层铁线上。5 月底至 6 月初可以进行第一次修剪，在主蔓留 8~10 张叶子短截，让其另发新芽，剪下的叶子可制作低档次的产品。7 月下旬可进行第二次缩剪。之后需要看苗修剪，发现有开花结果现象时及时缩剪，促发新芽。最后一次采收后及时进行修剪，修剪时分上中下三层留桩，使来年呈立体采收面。

六、翻土

一般翻土是结合施肥和水土保持进行的。深翻以采完最后一次叶后结合施基肥进行最佳，有冻害的地方要避免冬翻，出现秋旱的地方深翻时要结合灌水，使根系与土迅速密接，有利根系生长。

图 3-10 为长势良好的藤茶。

图 3-10　长势良好的藤茶

七、合理间作

两种作物同期播种的叫间作，不同期播种的叫套种。藤茶喜漫射光，可按株行距 3m×4.4m（亩栽 50 株）间作油茶、杜仲、紫薇等高秆乔木。油茶、杜仲、紫薇应按绿色食品种植技术要求栽培。

第四章　藤茶的病害诊断与防治

藤茶因二氢杨梅素含量高，鞣质含量高，不仅藤茶对许多植物病害产生抗病性，而且许多植物害虫也不吃它，它在大面积种植过程中主要病害是生理病害和在同一块土地上种植年限过长，土壤中积累的有毒物质过多，藤茶生长不旺盛，体内含的二氢杨梅素、鞣质不高，易得疫病、根腐病。虫害主要是线虫。

第一节　生理病害诊断

一、病原分离鉴定

对病组织进行组织分离培养，7d后未见病组织长出菌丝即菌落，表明该病害不是侵染性病原所致。

二、栽植诊断

盆栽试验结果表明，不论是带土栽培，还是消毒土壤栽培，在遮阴环境下都能正常生长，并无一发病植株。而在无遮阴环境下栽培的试验植株，部分植株在叶尖和叶缘发现少量枯死斑。将这些枯死斑采用上述组织分离法进行培养分析均未培养出病原。而这些盆栽植株根部并无发黑和腐烂现象发生。同时，在基地发病轻微植株，经过异地遮阴盆栽，也能迅速恢复生长，该试验结果可以排除根部病害。

诊断结果：根据上述试验研究结果，结合基地病害的发生规律，可以确定该病害为非侵染性病害，属于生理性病害，主要原因是栽培地地下水位高，加上前作多为水田，土壤排水不畅，使根部的呼吸及其他生理过程受到严重影响而发生病害。

第二节　细菌根茎叶腐疫病诊断

藤茶细菌根茎叶腐病害症状表现为萎蔫、腐烂、穿孔等。发病后期遇潮湿天气在病害部位溢出细菌黏液是细菌病害的特征。

植物病原细菌均为杆状，多数种类有鞭毛。病状是患病植物本身在受到某种致病因素的作用后由内及外所表现的不正常状态。它反映了患病植物在病害发展过程中的内部变化。它是由致病因素（病原）持续地作用于受病植物体发生异常的生理生化反应，致使植物细胞、组织逐渐发生病变达到一定显著程度时而表现出来的。在观察植物病害时可看到两类显然不同的病状。一类只发生在植物器官的局部同一器官上，相同的病状之间无发展的连续性称之为点发性病状，如常见的斑点病。另一类病状的发生却不限于局部，可以从一个部位发展到另一部位，从一个器官发展到另一器官，以致整体发病称为散发性病状或系统性病状。根据内部病理变化性质，病状可以分为3类：即坏死性病状、促进性病状和抑制性病状。坏死性病状是以植物的细胞和组织的死亡为特征，表现为枯斑、腐烂、焦枯等；促进性病状是植物的机体受到病原的刺激发生膨大或增生的病状；抑制性病状和前者相反，植株的生长发育部分或全部受到了抑制。这样的区分只是就其主要方面而言的。许多病害经常是整体表现为抑制性病变，而在其局部则表现为促进性病变。

第三节　线虫诊断

藤茶线虫发生时，有如下两个显著特征。

一是藤茶定芽和花芽坏死，茎叶卷曲或组织坏死，形成叶瘿；二是根部停止生长或卷曲根上形成肿瘤或过度分枝，根组织坏死和腐烂，植株表现矮小、色泽失常和早衰症状，严重时整株死亡。

第四节　防治对策

一、生理病害防治

（一）基地选择

选择种植基地时，避免选用沿河两岸的平整土地、田块。也不要选用水田作为栽培基地，如果要用这两类土地，必须开挖好排水沟。最好选用地下水位较低、排水良好的旱地作为栽植基地。

（二）开沟排水

沿河水流向开挖深 80~100cm 的排水大沟，并在病害严重发生的区域开挖 50cm 左右的横向排水沟，将沟端接入大排水沟，以改善土壤的排水状况。

（三）适度遮阴

强烈的光照对显齿蛇葡萄的生长有一定影响。因为显齿蛇葡萄在自然环境下多分布在疏林或林缘下，这些环境有一定的遮阴度，对其生长发育和抵抗病害的发生有一定的作用。可以考虑在基地四周栽植防护林带。但在有一定遮阴的条件下，也要注重土壤排水措施。

（四）使用生态益生菌

制作有机肥：牛粪、猪粪等畜禽粪便掺入秸秆、稻壳、锯末等，按种植 em 菌液与红糖与物料比例 1：1：（300~500），水 20%~30%（视物料水分增减水量），均匀喷洒混合后堆积发酵，等出现白色菌丝或有酸味酒糟味即发酵成功并将其均匀散入土壤内；在藤茶生长期，将生态益生菌液与水稀释 500~1 000 倍喷洒在植物表面或者灌根。

二、细菌根茎叶腐疫病防治

常用的防治细菌性药剂如松脂酸铜、咪鲜胺松脂酸铜、乙蒜素、农用链霉素等。

三、线虫防治

（一）轮作防虫

线虫发生多的田块，改种抗（耐）虫作物如禾本科、葱、蒜、韭菜、辣椒、甘蓝、菜花等或种植水生蔬菜，可减轻线虫的发生。

（二）高（低）温抑虫

利用夏季高温休闲季节，起垄灌水覆地膜，密闭棚室两周。利用冬季低温冻垄等可抑制线虫发生。

（三）定植前土壤处理

可选用 10% 克线磷、3% 米乐尔、5% 益舒宝等颗粒剂，每亩 3~5kg 均匀撒施后耕翻入土。也可用上述药剂之一，每亩 2~4kg 在定植行两边开沟施入，或随定植穴施入，亩用药量 1~2kg，施药后混土防止根系直接与药剂接触。

第五章　藤茶采收、加工技术

第一节　藤茶采收技术

一、采摘时间

藤茶的采摘时间一般是 4—10 月，大体上来说 4—5 月采收的为春茶，6—7 月采收的为夏茶，8—10 月采收的为秋茶。目前，来凤县 9 月 1 日前主要采集藤茶嫩茎茎叶，9 月 1 日后以采集大叶片为主。

图 5-1 为采摘工具，图 5-2 为采摘前的藤茶芽叶。

图 5-1　采摘工具

二、采摘方法

藤茶在采摘时应提手采，不应捋采、扭采、揪采和抓采，不采伤芽叶、采碎叶片，不采下老叶，保持芽叶完整、新鲜、匀净，分级采摘（图 5-3）。

图 5-2　采摘前藤茶芽叶

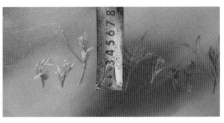

图 5-3　藤茶采摘标准细节

三、采摘标准

一般来说，采摘细嫩的芽叶，多酚类物质、氨基酸、二氢杨梅素等含量高，内质好，但是重量轻，产量低。采摘粗老的芽叶则多糖类、粗纤维等含量高，重量重，产量较高，但是有效成分含量低，内质差。

分级采摘常分为雅须、嫩叶、单叶、露茶 4 类，如图 5-4 所示。

雅须采摘标准

注：须茶长达20~40cm时打顶采摘，采摘长度在3~5cm

嫩叶采摘标准

注：嫩叶采摘可带茎

单叶采摘标准

注：单叶采摘不能带茎，必须是绿叶，不得低于5cm（长）×3.5cm（宽）

露茶采摘标准

注：采摘时不能带主梗，可带茎

图 5-4　采摘标准

特级茶要求一须二芽；一级茶要求一芽一叶至一芽二叶；二级茶要求一芽二叶至一芽二叶初展。

四、采摘技术

第一，根据藤茶新梢生长动态，掌握季节，抓住标准开采，及时分批多次采摘。第二，做到五采五养："采高养低、采面养底、采中养侧、采密养稀、采大养小"。第三，采下芽叶要重视保"鲜"，手中不握紧、篮子不压紧、避免发热、伤害叶质。

五、采摘注意事项

第一，采摘应按行列次序逐行进株探清，不可选芽叶多者采摘而芽叶少者漏摘，以免减少产量。第二，露水及雨后不采，以免茶味涩而淡薄，水色混浊，杀青时又易焦变。第三，手及器具与堆置场，务必保持清洁，勿使茶叶感染其他气味或不洁物。第四，采下的鲜叶要放置在阴凉处，并及时收青，运往茶厂；运青的容器应干净、透气、无异味；运送鲜叶过程中，容器堆放时不可重压。

第二节　藤茶加工技术

一、手工藤茶加工工艺

（一）工艺流程

原料选择→分级→清洗→摊放→杀青→揉捻→焖青→晒干→冷却回润→密封保存

（二）操作要点

1. 原料选择

藤茶品质的基础是原料的质量，首先要保证有质量的鲜叶，鲜叶一般要求具备净、鲜、嫩、匀四大特征。

净度是指鲜叶内不夹带杂物，纯净一致。采下的叶子不能有枯叶、老梗和其他非藤茶类杂物，否则会影响加工处理，有损品质。

鲜度是指鲜叶从茶树上采摘后理化性状变化的程度。藤茶鲜叶采下后，必须适当保存或者立即进行加工处理。贮运得当，鲜叶中的内含物在贮运过程中可转化为有利于产品品质提高和产品加工的物质，如大分子的复合果胶物质转化为分子量和黏性适当的果胶成分，以保证加工后的产品可形成漂亮的条索，复合多糖则可部分转化为具焦香味的香气成分，以保证产品具有合适的香味，贮运不当，长时间堆积、紧压，特别是"露水叶"易引起发热，导致腐烂变质。因此，必须注意鲜叶的管理，保证鲜叶不损伤、不堆积发热。藤茶鲜叶采摘后应及时放置在阴凉处并收青，运往茶厂。

鲜叶嫩度是主要的质量指标，嫩度从内含成分来说，以纤维素含量表示，从感官来评定则以芽叶组成来表示。鲜叶嫩度高，叶质就柔软，纤维素含量少，氨基酸含量高，且主要活性物质二氢杨梅素的含量就高。原料嫩度高，加工时细胞易破裂，便于其中的二氢杨梅素快速渗透到藤茶叶的表面，从而可保证干燥时在藤茶的外表形成一层均匀的白霜（即二氢杨梅素结晶），形成藤茶类茶产品的奇特外观色泽。另外，还易于整形，使加工后的藤茶外形紧细。

匀度是指嫩度和质量的一致程度。为保证制作出长短、粗细基本一致的藤茶产品，采摘的鲜叶长度、大小要求基本均匀一致。均匀一致的原料既便于加工，又便于加工后的精制整形。

2. 分级

根据芽叶组成分级，一须二芽为特级；一芽一叶至一芽二叶为一级；一芽二叶至一芽二叶初展为二级，其余为三级。剔除整梗和杂叶。

3. 清洗

用清水洗去表面泥沙，剔除漂浮在表面的细梗、枯梗和枯叶。

4. 摊放

摊放的目的是使鲜叶色泽变深，叶质变软，便于造型，同时也使鲜叶的品质朝有利的方向发展。摊放时要正确掌握鲜叶摊放的厚度、时间和摊放的程度，一般以叶表面干爽，无明显水，轻度凋萎，发出清香时为宜。

将装运回来的鲜叶放在阴凉透风的地方用竹篾摊放，摊放时不同级别鲜叶分开摊放，上午和下午采摘的鲜叶分开摊放，因为不同级别的鲜叶它们的芽叶大小、叶张厚薄、嫩茎粗细、水分含量不一样。摊放的厚度不要超过10cm，摊放过程中要适当翻动，使鲜叶水分均匀散失，一般1~3h就轻轻翻叶一次，一般未经过水洗的鲜叶在自然条件下，摊放6~8h较为适宜。

5. 杀青

杀青是利用高温，快速散发叶内水分，破坏酶的活性，防止酶促氧化的发生。杀青时要正确掌握杀青温度、时间和杀青程度，一般以叶色暗绿，手捏叶质柔软，略有黏性，梗可弯曲而不断，紧握则成团，略有弹性，青气消失，略带茶香为宜。

锅加热至锅温 100℃ 左右时，加入少量生茶油，用抹布均匀抹开，再加清水清洗至锅面光滑清洁，再将锅加热到 150~160℃ 时投入鲜叶（1~2kg 每锅，高档茶叶 0.25~0.50kg 每锅），双手将茶炒起，注意抖、扬、翻、炒等手法相结合，炒茶时先快后慢，不能使杀青叶滞留在锅底，待青草气味清失，出现悠悠茶香时，马上改用小火，杀青时间 5~6min。总之，杀青要杀透、杀匀、杀熟，不要出现生叶、半生叶、水闷叶和烧焦叶，当叶色失去光泽、嫩茎折不断、有黏性时即为适度，若杀青不足，容易产生梗红叶，滋味薄涩，若杀青过头，则香气钝熟，滋味不正。

6. 揉捻

揉捻的目的是使茶叶卷成条索，使叶细胞组织破碎，便于冲泡时可溶性物质迅速溶解在茶汤中。揉捻时要正确掌握力度、速度和揉捻程度，一般以成条率 80% 以上，叶面表皮破摔率达 45%~55%，叶片表面出现白色浆液，手感有明显的黏糊状时为度。

将杀青后的藤茶沥干，放在大竹匾内揉捻，可以单把揉（推揉），也可以双把揉（团揉），按照先轻后重最后轻，先慢后快最后慢的原则进行揉捻，揉捻时要使藤茶能在掌中转动，或作直线运动（推揉），或作圆周运动（团揉），揉叶量按工作人员的手掌大小而定，一般以能将杀青叶抱着不漏叶为宜。

揉捻分冷揉和热揉，不经摊凉趁热揉捻的称热揉，反之称冷揉，嫩叶宜冷揉，老叶宜热揉。

7. 焖青

焖青的目的是使藤茶表面呈现白霜。焖青时要正确掌握温度和时间。在灶内留有小火，使锅温保持在 40~50℃，倒入揉捻后的茶叶，摊放均匀，盖上锅盖，在此温度下维持 8~12h，每 1~2h 注意看火、翻面一次，至表面一层白霜时为度。

8. 晒干

在日光下晒5~8h，至产品干燥表面有明显的白霜，手搓叶片成粉末时，冷却回润。

二、机械藤茶加工工艺

（一）工艺流程

原料选择→分级→摊青→杀青→揉捻→自然堆放→烘干→复干→灭菌→包装

（二）操作要点

1. 分级

利用鲜叶分级机对鲜叶进行分级，特别是中低档茶鲜叶，通过筛分，将老嫩大小不一的鲜叶区分开，实行分级制。

2. 摊青

操作要点和手工藤茶加工一样。

3. 杀青

采用滚筒杀青机（图5-5），开机后开始加温，待筒体进口20cm处温度上升至120~130℃，手感到灼热，出口温度100~110℃时，利用传送带进行投叶。杀青时间约为1.5min。

图5-5 藤茶机械杀青

4. 揉捻

藤茶使用的机械揉捻机型一般偏小，大多使用45型、55型，一般而言 45 型揉捻机一次投叶量约为 15kg/桶，55 型揉捻机一次投叶量约为 35kg/桶。揉捻过程中按照轻-重-轻的原则进行压力调节，高档茶揉捻程度宜轻或不加压，中、低档茶适当增大压力。揉捻时间为 30~60min，揉捻转速以 45~55 转/min 为好，过快的话容易断头，过慢的话，条索不紧。捻至茶条卷拢，茶汁稍沁出，成条率 95% 以上时，即可下机解块。

5. 烘干

利用自动烘干机进行初烘，摊叶厚度约为 1cm，控制送风口温度 110~120℃，烘干时间 10~12min，烘至含水量 10%~15% 即可（图 5-6）。

图 5-6　藤茶的烘干

6. 复干

采用连续烘干机，采取低温慢烘的方法，80℃左右，时间 25~30min，烘至茶叶含水量 5%~6% 时下烘，充分摊晾后灭菌包装（图 5-7）。

图 5-7　烘干后藤茶产品

三、藤茶袋泡茶加工工艺

（一）工艺流程

原料选择→拼配→去杂→分筛→粉碎→包装→装盒

（二）操作要点

1. 原料选择

选择无霉变、无劣变气味、无灰尘、水分含量低的手工加工或机械加工的藤茶成品，卫生指标应符合国家茶叶卫生标准规定。为了提高经济效益，一般生产中选择较低档次的藤茶或细碎的高档藤茶作为袋泡茶的原料。

2. 拼配

根据所要生产的袋泡茶品质指标，选取不同的原料，拼配出符合产品标准的袋泡茶原料。

3. 去杂

手工或机械除去藤茶中的茶梗、铁屑等杂质。

4. 粉碎

用齿切机将藤茶进行切碎，齿辊上牙齿的距离是 6~10mm，分筛后过粗的藤茶经过第二次粉碎。

5. 分筛

通过平面圆筛机进行筛分，将粉碎后的藤茶依次过 12 目、16 目、40 目、60 目筛面，选择 12~60 目的藤茶作袋泡茶原料。未过 12 目的藤茶再次进行粉碎。

6. 包装

使用固体定量包装机进行包装，一般袋泡茶每袋重量为 2g 或者 3g。

7. 装盒

将包装好的袋泡茶根据市场需要进行装盒，每盒 10 袋、20 袋不等。

参考文献

[1]　郑道君，刘国民．中国藤茶资源的研发概况［J］．农业网络信息，2006（6）：136-142.

[2]　张秀桥，李全红，舒志元．蛇葡萄属民族民间药研究开发进展［J］．长春中医学院学报，2001，17（1）：60-61.

[3]　张汉萍，凌智群，全笑雨，等．大叶蛇葡萄化学成分研究［J］．同济医科大学学报，1998，（4）：267-269.

[4]　张育松，陈洪德．功效奇特的中国藤茶［J］．福建茶叶，1999（3）：23-24.

[5]　薛慧．恩施来凤藤茶微量元素的分析及其保健功能探讨［J］．广东微量元素科学，2004，11（8）：56-58.

[6]　钟正贤，陈学芬，周桂芬，等．广西产藤茶总黄酮的药理研究［J］．广西科学，1999，6（3）：216-218.

[7]　钟正贤，陈学芬，周桂芬，等．广西藤茶中杨梅树皮素的保肝作用研究［J］．中药药理与临床，2001，17（5）：11-13.

[8]　李玉山，谭志鑫，李田，等．藤茶对大鼠高血脂和心肌酶的影响［J］．营养学报，2006，28（6）：506-509.

[9]　覃洁萍，钟正贤，周桂芬，等．双氢杨梅树皮素降血糖的实验研究［J］．中国现代应用药学杂志，2001，18（5）：351-353.

[10]　刘胜贵，张祺麟，李娟．显齿蛇葡萄提取物体外抑菌试验的研究［J］．氨基酸生物与生物资源，2006，28（2）：12-14.

[11]　柴希运．硒与肿瘤［J］．国外医学地理分册．1991，12（4）：155.

[12]　李莉．微量元素硒对抗衰老的作用［J］．辽宁中医学院

学报，2006，8（3）：20.

[13] 程伯容，鞠山见，岳淑嫱，等．生态环境中微量元素硒与克山病 [J]．生态学报，1981，1（3）：69-80.

[14] 莫东旭，丁德修，王治伦，等．硒与大骨节病关系研究20 年 [J]．中国地方病防治杂志，1997（1）：18-21.

[15] 杨英雄，张蓉，张友胜．藤茶类茶产品及其加工工艺 [J]．广东农业科学，2005（2）：70-71.

[16] 张学娟．藤茶的形态学、生物学特性及主要化学成分研究 [D]．武汉：华中农业大学，2008.

[17] 黄虹，罗水忠，黄兆祥．显齿蛇葡萄生态环境和土壤条件的研究 [J]．南昌大学学报，2001，25（2）：134-136.

[18] 宋纬文，戴巧玲，吴李麟，等．藤茶野生转家种栽培技术初报 [J]．海峡药学，1997，9（3）：64.

[19] 冉俊．一种藤茶的扦插繁育技术 [P]．中国专利：201210246494，2014-07-09.

[20] 易城．藤茶栽培与开发利用 [M]．北京：中国林业出版社，2008：47-56，70.

[21] 郁建平，郁浩翔，范家佑，等．武陵藤茶育苗技术规程 [J]．现代农业科技，2013，（24）：49-51.

[22] 龙佰添，陈晓菲，吴齐仟．藤茶驯化栽培技术初报 [J]．福建农业，2015（4）：73.

[23] 卢宗荣，卢宗华，彭思略．显齿蛇葡萄病害的诊断与防治 [J]．现代农业科技，2012（17）：132-133.

编写：黄光昱　刘淑琴　刘金龙　胡百顺
　　　陈永波　秦 邦　陈武宽　邹 平

马铃薯产业

第一章 概　述

马铃薯为茄科、茄属一年生草本块茎植物，在我国各地有很多俗称，而最为常用的名称是在东北和华北地区被称为土豆，西南地区称之为洋芋，西北地区称之为山药蛋，华南地区称之为洋番芋，全国通称其为马铃薯，因其形状像系在马身上的铃铛而得名（图1-1）。恩施地区习惯将马铃薯称为洋芋。

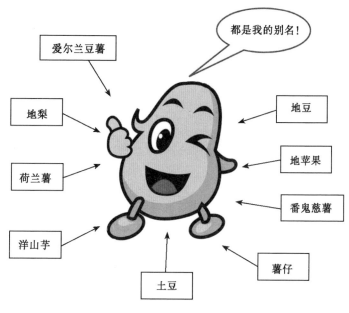

图1-1　马铃薯的俗称

第一节　马铃薯的起源与分布

马铃薯起源于南美洲秘鲁，广泛分布于欧洲和北美洲，近代在亚洲发展迅速。

一、马铃薯的起源

一般认为马铃薯有两个起源中心：栽培种分布在南美洲哥伦比亚、秘鲁、玻利维亚的安第斯山区及乌拉圭等地，其起源中心在秘鲁和玻利维亚交界处；野生种的起源中心在中美洲及墨西哥。而2005年美国利用DNA技术考证，证明世界上所有栽培的马铃薯都起源于南美洲秘鲁的一种野生祖先。

二、马铃薯的分类

通过按植物形态、结薯习性或其他特征进行区分和归类，把马铃薯分为8个栽培种和169个野生种。

三、马铃薯的传播

经考证，明代1628年出版的《农政全书》中就专门记载了马铃薯，书中将马铃薯称为土豆、土芋等，因此可以肯定马铃薯是在1628年以前传入中国的。《恩施地方志》记载，1822年恩施就有种植马铃薯的，可见恩施栽培马铃薯的历史已有200多年。

第二节　马铃薯在山区农业中的重要价值

马铃薯植株矮小、生育期短、适应性广、易栽培、产量高、增产潜力高、营养丰富、用途广泛，深受群众喜爱，是改善人们食物结构的保健食品及调整农村产业结构的理想作物，因此，被确定为全国第四大主粮作物。恩施山区农民过去把马铃薯作为解决温饱的主要粮食作物，同时也是重要的畜牧饲料。而今，马铃薯逐步成为促进恩施州山区农民营养健康、助推精准脱贫的重要农业产业，是山区农民的"脱贫薯"，更是未来山区农民的"致富薯"。

一、马铃薯的营养价值

马铃薯的食用部分是薯块，学名称块茎。块茎中的营养丰富，具有较高的营养价值、加工转化价值和食疗保健作用。

（一）马铃薯的营养成分

马铃薯的营养主要指的是块茎作为食品的营养，块茎含有的营养成分比较全面，含有人体必需的碳水化合物、蛋白质、维生素、膳食纤维等七大类营养物质，是现代人的理想食物之一。由于马铃薯的营养丰富和养分均衡，已被许多国家的人们所重视。1 个 150g 重的马铃薯维生素 C 含量＝10 个苹果，1 个 150g 重马铃薯维生素 A 含量＝2 个胡萝卜，1 个 150g 重马铃薯维生素含量＝3 棵白菜，1 个 150g 重马铃薯花青素含量＝4 个西红柿（图 1-2）。

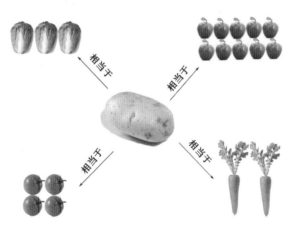

图 1-2　马铃薯的营养价值

（二）马铃薯的保健功效

1. 预防中风

医学专家认为，每天吃 1 个马铃薯，能大大减少中风的危险。营养专家指出，每天吃 1 个马铃薯即可使患中风的概率下降 40％。

2. 减肥

马铃薯脂肪含量极低，吃马铃薯不必担心脂肪过剩，每天多吃马铃薯不仅可以减少脂肪的摄入，还可使多余的脂肪渐渐被身体消耗掉从而达到减肥的功效。

3. 养胃

中医学认为，马铃薯能和胃、温中、健脾、益气，对治疗胃溃疡、习惯性便秘等疾病大有裨益。

4. 降血压

马铃薯中含有降血压的成分，具有类似降压药的作用，有利血管舒张、血压下降。

5. 通便

马铃薯中的粗纤维，可以起到润肠通便的作用，同时有利于使便秘者避免用力憋气排便而导致血压的突然升高。

6. 治皮肤病

马铃薯外用，有消炎抗菌的作用。将马铃薯捣烂敷在患处，可治疗湿疹、黄水疮等皮肤疾病。马铃薯还能缓解腮腺炎症状，与醋磨汁涂抹病灶皮肤处即可。

二、马铃薯的工业加工价值

马铃薯加工的精淀粉、变性淀粉广泛用于医药、纺织、造纸业，还可制作高级涂料、自溶地膜、润滑剂、酒精、生物胶以及合成橡胶等多种工业原料，工业利用价值极高。

第三节　马铃薯产业的发展概况

一、来凤县地理气候物产概况

来凤县气候属亚热带大陆性季风湿润型山地气候，年平均降水量1 400mm，日照 1 400h，平均温度 15.8℃，无霜期 256d，相对湿度81%，具有夏无酷暑、冬无严寒、温暖湿润、雨量充沛的特点，适宜种植马铃薯。

二、来凤县马铃薯产业概况

（一）种植面积及发展状况

马铃薯常年种植面积 18 万亩以上，2015 年鲜薯总产量 12 万 t，实际产量在 17 万 t 左右，2016 年鲜薯总产量 13 万 t。占来凤县粮食总产 12%，占夏粮总产 90%以上。目前马铃薯生产还处于自产自销的境况，加工转化率极低，不足 10%。

（二）种植品种及分布地区

1. 品种

以米拉（马尔科）为主，占 60%以上，其次有：鄂马 5 号，鄂马 10 号，费乌瑞它，中薯 5 号等品种。

2. 分布地区

来凤县马铃薯种植主要分布在境内海拔高度为 400～1 300m 区域

内的所有乡镇。其中低海拔地区以种植早熟马铃薯品种为主。

（三）种植技术

主要推广的有垄作种植技术（分为高垄双行种植技术和高垄单行种植技术）、芽带薯移栽种植技术、高山地膜覆盖技术、低山马铃薯大棚栽培技术等。

第二章　马铃薯的形态特征及生长环境

马铃薯是双子叶的种子植物，属于茄科、茄属，是以地下块茎为主要产品的一年生草本植物。马铃薯既可以利用块茎繁殖，也可以用种子繁殖，生产上绝大多数是利用块茎繁殖，称为无性繁殖。育种工作者可采用种子繁殖，称为有性繁殖。

第一节　形态特征

马铃薯植株按形态结构可分为根、茎（包括地上茎、地下茎、匍匐茎和块茎）、叶、花、果实和种子几部分。

一、马铃薯的根

马铃薯不同的繁殖方式所生长的根系不一样，用块茎进行无性繁殖所发生的根系，无主根和侧根，均为不定根，称为须根系；用种子进行有性繁殖生长的根，有主根和侧根之分，称为直根系。

二、马铃薯的茎

马铃薯的茎，按形态特征和生理功能不同，分为地上茎、地下茎、匍匐茎和块茎4种。

（一）地上茎

马铃薯块茎发芽生长后，在地面上的主干和分枝，统称为地上茎。它是由种薯芽眼萌发的幼芽发育成的枝条。

（二）地下茎

马铃薯的地下茎，就是种薯发芽生长的枝条埋在土里的部分，下部白色，靠近地表处稍有绿色或褐色，老化时多变为褐色。地下茎上着生根系、匍匐茎和块茎。地下茎的节数，大多数品种为8节左右，在节上长有匍匐根和匍匐茎。

（三）匍匐茎

马铃薯的匍匐茎，是由地下茎节上的腋芽发育而成的，实际上是茎在土壤里的分枝，所以也叫匍匐枝。匍匐茎是一生长块茎的地方，是形成块茎的器官，它的尖端膨大就长成了块茎。匍匐茎一般是白色的，也有紫红色等彩色的。在土壤表层水平方向生长，通常一条匍匐茎只结一个块茎。

（四）块茎

马铃薯的块茎是缩短而肥大的变态茎，既是马铃薯的营养器官，是贮存营养物质的"仓库"，又是繁殖器官，以无性繁殖方式繁殖后代，生产上使用块茎播种。块茎的形状有3种主要类型，即圆形、长筒形和椭圆形等。

马铃薯块茎的皮色种类很多，有黄色、白色、紫色、淡红、深红、玫瑰红等颜色。

马铃薯块茎的肉色有白、黄、红、紫等颜色，食用品种以黄肉和白肉为多，通常黄肉块茎更富含蛋白质和维生素。

三、马铃薯的叶

马铃薯的叶片为奇数羽状复叶。叶片是进行光合作用、制造营养的主要器官，是形成产量的活跃部位。因此在生产过程中，要使植株生长一定数量的叶片，以形成足够规模的有机物质"制造工厂"，源源不断地制造出更多的营养物质，保证块茎干物质的积累，获得更高的产量。

四、马铃薯的花

马铃薯的花是有性繁殖器官。马铃薯的花色有白、蓝、粉红、紫等多种颜色。马铃薯的开花有明显的昼夜周期性，即白天开放、夜间闭合。一般每天早晨5~7时开放，下午4~6时闭合。一般早熟马铃薯品种开花少，中、晚熟马铃薯品种开花大多比较繁茂。

五、马铃薯的果实

是开花授粉后由子房膨大而形成的浆果，呈圆形或椭圆形，看上去像小番茄。坐果后30~40d，浆果果皮由绿色逐渐变成黄白色或白色。果实由硬变软，并散发出香味，即达成熟。

六、种子

每个马铃薯的果实含种子100~250粒，种子一般为扁平近圆形或卵圆形，由种皮、胚乳、胚根和胚轴组成。种皮颜色因品种而异，一般为浅褐色或淡黄色，种皮上密布细毛。

第二节　马铃薯的生长发育

马铃薯的生长发育是指种薯从打破休眠、芽眼萌发生长为芽，到新的块茎成熟的整个生育过程。

一、种薯发芽

从种薯解除休眠，芽眼处开始萌芽、抽生芽条，直至幼苗出土为发芽期，进行主轴第一段的生长。这个时期生长所需时间一般需要30~40d。这一时期的田间管理措施关键是提供良好的土壤温湿度条件，尽快发芽出苗。

二、幼苗期

从幼苗出土到主茎第一叶序环的叶片完成为幼苗期，俗称团棵，进行主茎轴第二段生长。在出苗后7~8d地下匍匐茎开始水平方向生长，团棵前后匍匐茎先端开始膨大，形成块茎雏形。

此期管理重点是促根、壮苗，保证根系、茎叶和块茎的协调分化与生长。生产措施主要是适时适量追施促苗肥。

三、发棵期

从团棵开始到主茎形成第二叶序环的叶片，到封顶叶展平，完成主茎第三段生长，为时30d左右。此期是决定单株结薯多少的关键时期。生产管理上搞好水肥管理，形成旺盛植株，但切忌施用氮肥过多，造成徒长，要结合中耕培土，控秧促根，促进生长中心由茎叶生长迅速转向块茎生长为主。

四、结薯期

由主茎顶端显现花蕾到收获时为结薯期。结薯期一般历时30~50d。关键农艺措施在于尽力防止茎叶早衰，尽量延长茎叶功能期，增强光合作用时间和强度，加速同化产物向块茎运转和积累

五、成熟期

当地上部50%以上的植株大部分叶片变黄至块茎停止生长为成

熟期，此时马铃薯地上茎叶和地下块茎均已停止生长，块茎进入休眠期，应适时收获。

第三节　马铃薯生长环境条件

马铃薯在生长和发育的每个时期，对环境条件的要求不一样，只有满足适宜的生长条件，才能确保优质高产。马铃薯的外部生长环境条件主要包括温度、水分、光照、土壤和营养等方面。

一、温度

马铃薯的发源地是南美洲安第斯高山区，年平均气温为 5~10℃，生长发育需要较冷凉的气候条件，不适宜太高的气温和地温。

解除休眠的块茎，当 10cm 土层的温度稳定在 5~7℃时，种薯的幼芽在土壤中就可以缓慢地萌发伸长；当温度上升到 10~12℃时，幼芽生长健壮；13~18℃时，芽条苗壮，根量较多。温度低于 4℃种薯不能发芽，温度过高，也不发芽，易造成种薯腐烂。

幼苗期和发棵期，是茎叶生长和进行光合作用制造营养物质的重要阶段。茎的伸长在 18℃最适宜，6~9℃极缓慢，高温则引起徒长。

叶片扩展的下限温度为 7℃，在 16℃比 27℃扩展较快。这一时期的适宜温度范围是 16~20℃。

结薯期要求 16~18℃的土温，18~21℃的气温，对块茎的形成和增长最为有利。对昼夜气温差的要求是越大越好，只有在夜温低的情况下，叶片制造的有机物质才能由茎秆中的输导组织运送到块茎里。

二、水分

马铃薯是需水较多的作物，茎叶含水量比较大，活植株的水分约占 90%，块茎含水量也达 80% 左右。水能把土壤中的无机盐营养溶解，使马铃薯的根系将营养物质吸收到体内利用。水也是进行光合作用、制造有机营养的主要原料之一，而且制造的有机营养，也必须依靠水作为载体才能输送到块茎中进行贮藏，马铃薯不同生长时期对水分的要求不同。

发芽期芽条仅凭块茎内贮备的水分便能正常生长，待芽条发生根系从土壤吸收水分后才能正常出苗。所以，此时期要求土壤保持湿润状态，土壤含水量至少应在田间最大持水量的 40%～50% 范围内，就可以保证出苗。

幼苗期土壤水分保持在田间最大持水量的 50%～60%，有利于根系向土壤深层发展，以及茎叶的苗壮生长。

发棵期是马铃薯需水量由少到多的时期，前期应保持土壤水分在田间最大持水量的 70%～80%。发棵后期土壤水分应逐步降到 60%，以适当控制茎叶生长，以利于适时进入结薯期。发棵时期的需水量，占全生育期需水总量的 1/3。

结薯期块茎膨大需要充分而均匀的土壤水分。结薯的前期、中期是马铃薯需水最敏感的时期，也是需水量最多的时期。这个阶段的需水量占全生育期需水总量的 1/2 以上。此时期应及时供给水分，土壤水分应保持在最大持水量的 80%～85%。如果水分过多，茎叶就易出现疯长的现象，这不仅大量消耗了营养，而且会使茎叶细嫩倒伏，为病害的侵染造成有利的条件。结薯后期逐渐降至 50%～60%，切忌水分过多。

收获期土壤相对含水量降至 50% 左右，有利于马铃薯块茎周皮老化和收获贮藏。

三、营养

"庄稼一枝花，全靠粪当家"。养分是作物的粮食。马铃薯是高产作物，需要养分比较多。马铃薯生长的养分来源，除了土壤提供根系吸收部分外，主要来自各种有机肥料、无机肥料和生物肥料等。

马铃薯所需营养元素种类，主要是氮素、磷素和钾素，通常称为"三大要素"。马铃薯吸收的钾素量最多，氮素次之，吸收量最少的是磷素，据资料介绍，每生产 1 000kg 马铃薯块茎，需要从土壤中吸收全钾 11kg、氮素 5kg、磷素 2kg。

（一）氮肥

马铃薯吸收的氮素，主要用于植株茎叶的生长。氮素是马铃薯植株健壮生长和获得较高产量不可缺少的肥料之一。据实践经验，中等以上肥力的田块，每亩施纯氮 4～7kg 为宜。

（二）磷肥

马铃薯吸收的磷肥，在前期主要用于根系的生长发育和匍匐茎的形成，在后期主要用于干物质和淀粉的积累。磷肥吸收利用率一般为20%～30%，中等肥力地块每亩施用五氧化二磷 3.0kg。

（三）钾肥

马铃薯是喜钾作物，钾素主要用于茎秆和块茎的生长发育。充足的钾肥，可以使植株生长健壮，提高马铃薯的产量和质量。马铃薯吸收钾肥量较大，一般每亩需施用氧化钾 4～6kg。

四、光照

马铃薯是喜光作物。马铃薯在幼苗期、发棵期和结薯期，都需要有较强的光照。只要有足够的强光照，在其他条件都能得到满足的情况下，马铃薯薯块大，产量高，品质优。特别是在高海拔地区，光照强、温差大，容易获得高产。

五、土壤

马铃薯是喜微酸性土壤的作物。土壤 pH 值为 4.8～7.0 时，马铃薯生长都比较正常。

马铃薯对土壤适应的范围较广，最适合马铃薯生长的土壤是轻质壤土，因为块茎在土壤中生长，有足够的空气，呼吸作用才能顺利进行。

黏重的土壤种植马铃薯，最好作高垄栽培。

沙性大的土壤种植马铃薯应特别注意增施肥料，种植时应采取平作培土，适当深播而不宜浅播垄栽。

石灰质含量高的土壤种植马铃薯，容易发生疮痂病，所以，遇到这种情况应选用抗病品种和施用酸性肥料。

第三章　马铃薯主栽品种

来凤县主要以种植早、中熟马铃薯品种为主，部分二高山、高山地区种植中晚熟马铃薯品种。

第一节　早熟品种简介

一、费乌瑞它

1981 年由国务院农业部中资局从荷兰引入，原名为 FAVORITA（费乌瑞它），为我国主栽早熟品种之一。

费乌瑞它生育期 60~70d，株高 60cm，植株直立，繁茂，分枝少，茎粗壮、紫褐色，复叶大，叶绿色，生长势强。植株抗病毒病，易感晚疫病，不抗环腐病和青枯病。花冠蓝紫色，花粉较多，易天然结果。块茎长椭圆形，皮色淡黄，肉色深黄，表皮光滑，芽眼少而浅，结薯集中 4~5 个，块茎大而整齐，休眠期短，一般单产 2 000kg/亩，高产可达 2 500kg/亩。块茎淀粉含量 12%~14%，粗蛋白质含量 1.67%，每 100g 鲜薯维生素 C 含量 13.6mg，品质好适宜鲜食和薯条加工。

该品种栽培密度以每亩 4 000~4 500 株为宜，适宜来凤县低海拔地区种植。

二、鄂马铃薯 4 号

系湖北恩施南方马铃薯研究中心 2004 年选育，品种审定编号为鄂审薯 2004001。

该品种长势强，株型半扩散，株高 50cm 左右，生育期 76d，茎叶绿色，白花。结薯集中，块茎扁圆形，黄皮黄肉，商品薯率 75% 左右，表皮光滑，芽眼浅，休眠期短。块茎干物质含量为 20.12%，淀粉含量为 14.63%，100g 鲜薯维生素 C 含量为 16.35mg，还原糖含量为 0.16%。块茎一般单产 2 400kg/亩，高产可达 3 000kg/亩。该品种抗晚疫病，抗病毒病、青枯病。

该品种栽培密度以每亩 4 000~4 500 株为宜，适宜来凤县低海拔地区种植。

三、中薯 5 号

是中国农业科学院蔬菜花卉研究所 1998 年育成的马铃薯品种。

该品种生育期 60d 左右。株型直立，株高 55cm 左右，生长势较强。茎绿色，复叶大小中等，叶色深绿，分枝数少。花冠白色，天然结实性中等，有种子。块茎略扁圆型，淡黄皮淡黄肉，表皮光滑，大而整齐，春季大中薯率可达 97.6%，芽眼极浅，结薯集中。炒食品质优，炸片色泽浅。植株较抗晚疫病、病毒病、环腐病和青枯病。干物质含量 18.5%，还原糖含量 0.51%，粗蛋白 1.85%，100g 鲜薯维生素 C 含 29.1mg。一般亩产 2 200kg 左右，高水肥条件下亩产量 2 800kg 以上。

该品种栽培密度以每亩 4 000~4 500 株为宜，适宜来凤县低海拔地区种植。

第二节　中晚熟品种简介

一、米拉

又名"德友 1 号""和平""马儿科"，德国品种，1955 年引入我国。

生育期 105~115d，株型开展，分枝数中等，株高 60cm，茎绿色基部带紫色，生长势较强，叶绿色，花冠白色，天然结实性弱。块茎短筒形，芽眼较多、深，大中薯率 60% 以上，黄皮黄肉，一般亩产 1 500kg，高产可达 2 500kg/亩以上。食用品质优良，鲜薯干物质含量 25.6%，淀粉含量 17.5%~19%，还原糖含量 0.25%，粗蛋白质含量 1.9%~2.28%，维生素 C 含量 14.4~15.4mg/100g 鲜薯。植株田间感晚疫病，高抗癌肿病，不抗粉痂病，感青枯病，轻感花叶病毒病和卷叶病毒病。

该品种栽培密度以每亩 4 000 株为宜，适宜来凤县中、高海拔地区种植。

二、鄂马铃薯 10 号

是湖北恩施中国南方马铃薯研究中心 2012 年选育，审定编号为鄂审薯 2012004。

生育期 85d，株型直立，生长势强，株高 80cm 左右，茎、叶绿色，叶中等大小，花冠白色，开花繁茂。匍匐茎短，结薯集中，商品薯率 75% 以上。块茎长筒形，薯皮黄色光滑，薯肉淡黄色，品质优，芽眼中等深。平均单株主茎数 6 个，平均单株结薯 10 个。田间抗病性鉴定为抗病毒病及晚疫病。干物质含量 21.7%、淀粉含量 14.8%、还原糖含量 0.30%、维生素 C 含量 150mg/kg、蛋白质含量 1.78%。鲜食口感好，炸片色泽均匀，属于鲜食和薯片加工兼用型品种。一般水肥条件下亩产量 2 500kg 左右；高水肥条件下亩产量 3 000kg 以上。

该品种栽培密度以每亩 4 000 株为宜，适宜来凤县中、高海拔地区种植。

三、鄂马铃薯 13 号

湖北恩施中国南方马铃薯研究中心和湖北清江种业有限责任公司 2015 年选育，品种审定编号为鄂审薯 2015001。

株型扩散，植株较高，生长势较强，茎绿色、下部浅紫色，叶片较大、绿色，花冠白色，开花少。匍匐茎中等长，薯块短椭圆形，黄皮黄肉，表皮光滑，芽眼浅。生育期 85d，株高 78.1cm，单株主茎数 4.8 个，单株结薯数 11.9 个，平均单薯重 46.2g，商品薯率 66.1%。田间花叶病毒病、卷叶病毒病发生较轻。干物质含量 24.79%，淀粉含量 15.99%，还原糖含量 0.09%。一般水肥条件下亩产量 2 000kg 左右，高水肥条件下亩产量 3 000kg 以上。

该品种栽培密度以每亩 4 000~4 500 株为宜，适宜来凤县中、高海拔地区种植。

四、鄂马铃薯 14 号

湖北恩施中国南方马铃薯研究中心和湖北清江种业有限责任公司 2015 年选育，品种审定编号为鄂审薯 2015002。

株型半直立，植株较高，生长势较强。茎、叶绿色，叶片中等大小，开花繁茂，花冠白色，有天然结实现象。匍匐茎短，结薯集中，薯块扁圆形，薯皮淡黄色，薯肉白色，表皮光滑，芽眼浅。生育期85d，株高87.3cm，单株主茎数5.8个，单株结薯数10.9个，单薯重53.1g，商品薯率69.2%。田间花叶病毒病、卷叶病毒病发生较轻，晚疫病中度发生。干物质含量25.07%，淀粉含量18.14%，还原糖含量0.07%。一般水肥条件下亩产量2 500kg以上，高水肥条件下亩产量3 500kg以上。

该品种栽培密度以每亩4 000株为宜，适宜来凤县中、高海拔地区种植。

五、青薯9号

青海省农林科学院生物技术研究所2006年选育，编号为青审薯2006001。

生育期125d左右、全生育期165d左右、株高65cm、茎粗1.52cm、幼苗生长强、株丛繁茂性强、叶色浓绿、花色淡紫、结薯集中、薯形长随形、红皮、肉色淡黄、表皮光滑、抗病性强、商品薯率85.6%。植株耐旱、耐寒。抗晚疫病，抗环腐病。块茎淀粉含量19.76%，还原糖0.253%，干物质25.72%，维生素C 23.03 mg/100g。一般水肥条件下亩产量2 000~2 500kg，高水肥条件下亩产量3 000kg以上。

该品种栽培密度以每亩4 000株为宜，适宜来凤县中、高海拔地区种植。

第四章 马铃薯高产高效栽培技术

马铃薯虽然具有较广的适应性，较强的抗逆性，较短的生育特性，被誉为"抗灾作物""高效作物""营养保健食品"。但是要让马铃薯高产、优质、高效，还必须根据马铃薯喜凉爽的气候、喜微酸性和疏松的土壤特性，为其生长发育提供一个良好的生态环境条件，良种良法配套的集成栽培技术。

第一节 马铃薯露地栽培技术

目前，来凤县是以马铃薯与玉米套种为主，露地栽培适宜冬播，生产上着重搞好选地整地、配方施肥、选用良种、适时播种、合理密植、因苗调控、适期收获等栽培管理。

一、选地整地，配方施肥

马铃薯生长发育喜微酸性、疏松的土壤，喜轮作，喜钾肥，喜干爽，怕积水涝灾。

（一）选地整地

1. 选择地块

（1）选择土质较好的地块：马铃薯块茎的膨大需要深厚、疏松、透气性好的土壤耕作层，以砂壤土最佳，同时要有良好的排灌条件。

（2）选择不重茬的地块：种植马铃薯宜选择大豆、玉米、棉花、芝麻、水稻或萝卜、白菜、甘蓝等作物茬口比较好。应避免重茬和与烟叶、茄子、番茄、辣椒等茄科作物连作种植。

2. 深耕整地

（1）深耕：一般要深耕 20~30cm，前茬作物收获后，及时翻耕灭茬，利用冬季低温、降雪、冻垡风化土壤，冻死部分在土壤中越冬的害虫。

（2）起垄：播种前开沟、起垄，起垄高度 25~35cm（沟底到垄顶）。

（二）配方施肥

依据马铃薯的需肥特性，做到测土配方，以地定产，以产施肥，增施有机肥，重施基肥。农家肥在起垄整地前均匀撒施，复合肥和钾肥于播种时在垄上开沟条施 10cm 深，尿素作追肥，出苗时穴施。

二、选择种薯

选择薯形规整、符合品种特征、颜色新鲜、单个重 30～50g 的小薯，或单个重 60～100g 的中等薯块作种。去除尖头、畸形、芽眼坏死、脐部腐烂的薯。

三、适期播种，合理密植

露地种植马铃薯，各地的具体播种时间应依据温度而定，种植密度根据品种的特征特性和种植方式确定。

（一）适期播种

适期播种对植株的生长发育和产量的形成均有重要影响。来凤县低山地区一般 12 月上旬至翌年 1 月上旬播种为宜，二高山地区一般在 11 月中旬至 12 月上旬播种为宜，高山地区一般在 11 月上旬至 11 月下旬播种为宜。

（二）合理密植

马铃薯的种植密度，要依据品种类型、土壤肥力、种植方式和生产管理水平等条件而确定。

1. 依据品种类型定密度

品种的生态类型不同，种植密度不一样，一般早熟品种植株矮小，根系和块茎生长范围小，单株产量低，可适当密植，每亩 5 000 株左右比较适宜；中、晚熟品种，植株比较高大、繁茂，单株生产潜力比较大，适宜的种植密度为 3 500～4 000 株/亩。

2. 依据土壤肥力定密度

一般来说，掌握肥地宜稀、瘦地宜密的原则。

3. 依据种植方式定密度

马铃薯的种植方式比较多，有单作与套作、有起垄播种与平播等。掌握单作地块宜密，套种地块宜稀，起垄种植宜稀，平播种植宜密的原则。

（三）提高播种质量

马铃薯为中耕作物，因块茎在地表下膨大而形成，适宜于垄作栽培。一般播种方法是按100cm宽开沟起垄，在垄中开10~15cm深的沟，将肥料施于沟底，沟两边各条摆播1行马铃薯，行距30~35cm，穴距依据密度而定，一般为30cm左右。将马铃薯芽朝上，覆土厚度7~8cm，垄顶整理成龟背状。

四、加强田管，因苗调控

田间管理是马铃薯高产丰收的关键环节，目的在于运用综合农业技术，促进早发壮苗，调节植株内部营养物质合理分配，为植株生长与块茎发育协调创造良好的生育条件。

（一）苗期期促

马铃薯从发芽至发棵期一般需要60d左右，管理措施上以促进生根、发芽、培育壮苗为重点。

1. 中耕除草

出苗前进行化学除草，选用安全高效除草剂，适时适量喷药；出苗后结合中耕进行人工除草，应做好浅中耕松土，消除杂草。

2. 追施肥料

因苗追施一些速效性氮肥，促进茎叶生长。一般在出苗时每亩追施尿素10kg、硫酸钾5kg。

3. 培土保薯

为满足块茎膨大的需要，一般在马铃薯生长前期需要培土两次，现蕾期匍匐茎尖端开始膨大时，进行第一次培土，培土厚度5cm左右，防止匍匐茎窜出地面变成新的枝条。开花初期进行第二次培土，再加3~5cm土层，防止块茎露出地面。

（二）花期促控结合

马铃薯生长中期，是由植株生长逐渐向块茎膨大的过渡阶段，此期从茎叶生长达到顶峰开始，到茎叶逐渐枯黄，历经30~45d。栽培上着重搞好因苗调控、抗旱浇水、排涝防渍、防治病虫等管理。

1. 因苗调控

对茎叶生长势比较弱、生长量不足、叶色偏浅的地块，每亩追施

5~8kg尿素。对植株生长旺盛、叶色偏浓的地块，预防植株倒伏，可喷施多效唑，控制茎叶生长，促使光合产物及时向块茎转运，提高产量、商品薯率及产品质量。一般在现蕾至初花期每亩用50%多效唑50g（或15%多效唑150g），对水40kg喷施1~2次。

2. 防治病虫

重点防治晚疫病、早疫病和蚜虫、粉虱、块茎蛾、二十八星瓢虫等。

第二节 马铃薯地膜覆盖栽培技术

来凤县主要以种植早熟马铃薯品种为主，采用地膜覆盖或大棚覆盖栽培技术，增温保墒，提高肥效，促进马铃薯早熟、高产，提早上市，提高价格，增加收益。

一、马铃薯地膜覆盖栽培技术

马铃薯地膜覆盖栽培，是指马铃薯在播种后到成熟全生育期，在垄（厢）面上覆盖一层地膜（以利增温保墒、提高肥效），充分利用自然资源，建立良好的农田生态环境，培育壮苗，促进早熟，抗灾增收的一项技术。据研究，马铃薯地膜覆盖较不盖地膜的地温高2~3℃，有利减少土壤水分蒸发，防止雨水造成土壤板结和土壤流失，增强土壤微生物活动，加速营养物质的分解利用，与不覆膜相比，田间出苗率提高10%左右，单产增加20%以上，提早成熟10d左右。地膜覆盖栽培技术，要在露地栽培的基础上，做好以下几项操作技术。

（一）施足底肥，沟施垄种

1. 施足底肥

地膜覆盖后，地温增高，土壤有机质分解能力增强，使土壤中的硝态氮利用率提高，马铃薯生长快，养分消耗多，加之地膜覆盖后不便于追肥，因此必须施足底肥，增施有机肥。一般地膜覆盖地块底肥施用比例占总施肥量的70%~80%。

2. 沟施垄种

土地平整后，按设计的垄宽，把肥料条施于垄中间，开沟起垄，垄高25~30cm，在垄上开两条10cm的播种沟，把马铃薯种薯条播于沟内，顶芽向上，播完后覆土盖种，切忌化肥与种薯接触，以免烧种。

（二）适时播种，合理密植

1. 适时播种

地膜覆盖栽培，白天地膜吸收太阳光能辐射热，储存于表层土壤，夜晚地膜阻隔土温散失，起到增温和保温作用。因此，地膜覆盖栽培马铃薯的播种期可比露地种植提早7~10d，一般在气温稳定通过5℃，地温7~8℃时即可播种，覆盖地膜后可增至10℃左右。

2. 适当密植

地膜覆盖栽培马铃薯的种植密度一般比露地栽培可增加20%左右。一般垄宽100cm，每垄开沟条摆播2行，垄上行距30~35cm，早熟品种穴距23~25cm，每亩5 500株左右；中熟品种穴距25~27cm，每亩5 000株左右。

（三）优选地膜，严密覆盖

1. 地膜规格

为保护农田生态环境，防止废旧地膜污染土地，应选择国家制定的标准地膜，厚度0.014mm，或0.008mm微膜，地膜宽度依据垄宽而定。

2. 严密盖膜

覆盖地膜是为了增温。盖膜时要拉紧、铺平、紧贴地面，膜边用土封压严实，防止通透空气，在垄面上每隔2~3m压盖一点土，预防地膜被大风刮起、吹破，影响增温保墒效果

（四）加强田管，培育壮苗

1. 及时放苗

马铃薯出苗后，及时破膜放苗，破口要小，放苗出膜后随即用细土将苗基部地膜破口封平，既防止幼苗接触地膜烧伤，又能阻隔膜内温度散失。

2. 看苗追肥

地膜覆盖马铃薯一般在现蕾时追肥，每亩施尿素8~10kg，科学的追肥方法是在播种行上，每两穴打一个洞，将肥料施入洞内，用土封严洞口，防止肥料蒸发或流失。对叶色浅或长势弱的适当早施和多施；长势旺的推迟施肥或少施肥，或喷施多效唑进行调控。

其他田管技术同春播露地栽培技术。

二、马铃薯棚膜覆盖栽培技术

马铃薯拱棚栽培，就是在大棚内种植马铃薯，拱棚的规格主要有3种。在来凤低山河谷地区，瞄准市场马铃薯供应紧缺时期，积极推广马铃薯棚膜覆盖栽培，可在4月上旬至5月上旬上市，恰逢马铃薯供应淡季，市场俏、价格高，一般亩收益比露地栽培高1~2倍。

（一）拱棚规格

1. 大棚

棚宽8~10m，棚高2~2.2m，棚长30~50m，棚体采用钢架材料，棚内设1~3行立柱，棚脊用细钢管，两边坡用铁丝，横向把钢架连起来，覆盖0.1~0.12mm厚的无滴大棚专用膜。

2. 中棚

棚宽3~6m，棚高1.5~1.6m，棚长50m左右，棚体采用钢架或竹架等，棚顶用细钢管或竹子横向把拱架连起来，覆盖0.08~0.1mm厚的无滴大棚膜。

3. 小棚

棚宽1.6~2m，覆盖1~2垄，棚高0.5~0.8m，棚长依据地块长度而定，棚体用竹片扎拱，棚顶用绳子把棚架连起来，覆盖0.05~0.08mm厚的农膜。

（二）拱棚设置

搭建拱棚采用南北方向，有利于拱棚接受太阳光照射，棚内温度均匀，再就是防风吹，春季北风、西北风、东南风比较多，南北向拱棚顺风向，棚体受风面小。一般在马铃薯播种前20d扣棚，膜边落地处用土封严实，以利增温。

（三）栽培技术

马铃薯拱棚栽培，是在地膜覆盖栽培的基础上，增加了棚膜覆盖，增温保温的效果更好。

1. 适时播种

播种期可比地膜覆盖提早7~10d，一般在12月下旬至翌年1月下旬，当棚内气温稳定通过3℃，选晴天播种。

2. 浇水造墒

棚膜覆盖后，土壤不能接受自然降雨、雪，应在垄中间开沟浇水，待水渗干后，再规范进行条穴播种，覆盖地膜。

3. 通风增氧

马铃薯出苗期间，晴天中午将大棚一侧下部棚膜打开一些通风口，使棚内外空气流通，否则二氧化碳供应不足，影响光合作用，植株生长不良，叶子发黄。前期气温低时，晴天中午在下风头开通风口，上风口封闭，实行单向通风；气温升高时，上午 11 时至下午 4 时，把上风口与下风口都打开，实行双向通风，加速空气对流，降低棚内温度；气温稳定至 20℃ 时，白天把大棚下部裙膜全部打开。

4. 追肥浇水

拱棚栽培升温快，膜内温度高，土壤水分蒸发量大，植株团棵以后，生长速度加快，需水量逐渐增多，要依据土壤墒情和苗情，适时适量进行追肥浇水，采取水肥一体化操作，提高利用效率。防止棚内湿度过大，导致晚疫病的发生和流行，晚上可在棚内点燃百菌清烟雾剂防病。

其他栽培管理同地膜覆盖栽培技术。

第五章　马铃薯病虫害防治

马铃薯是一种易遭受多种病虫为害的作物，在植株生长发育期和块茎收获贮藏期间，都可能会遭受到多种真菌、细菌、病毒、线虫和害虫的侵染，以及不良气候等造成的灾害。各种病虫害给马铃薯生产带来了不同程度的损失，成为影响马铃薯产业可持续发展的主要障碍之一。因此为了减少马铃薯生产损失，马铃薯病虫灾害的防治措施显得尤为重要。

第一节　马铃薯主要病害的发生与防治

全世界有报道的马铃薯病害达 120 多种，我国有 50 多种。马铃薯病害的发生与流行，不仅能损伤植株茎叶从而影响产量，还能直接侵染块茎，轻者降低质量，重者块茎腐烂，造成更大损失。一般来讲，由病原物侵染引起的非生理性病害对马铃薯的为害较重，特别是在病害流行年份，对马铃薯生产造成的损失更为严重。而有些生理性病害在某些特殊年份，或因管理不当，也会给马铃薯生产带来一定程度的损失。

马铃薯非生理性病害

马铃薯非生理性病害种类虽多，但并非所有病害都会威胁马铃薯的生产。从来凤县范围看，发生普遍、分布广泛、为害较重的主要有病毒病、晚疫病。

（一）马铃薯病毒病

马铃薯病毒病是马铃薯生产上的主要病害，在我国马铃薯产区均有发生，一般使马铃薯减产 20%～50%，严重的达 80%以上。马铃薯病毒病严重为害种薯质量，引起种薯退化，产量逐年降低。

1. 症状

马铃薯病毒病按症状可分为 4 个主要类型。

（1）花叶型：有好几种病毒能引起马铃薯花叶病综合征，按照不同发病程度又可分为普通花叶、重花叶、皱缩花叶、黄斑花叶等症状。

（2）卷叶型：其症状可分为两种。一种植株顶部幼嫩叶片沿中脉向上卷曲，并扩展到老叶，严重者卷成筒形。另一种是继发性患病植株，表现为全株褪绿，基部叶片先卷曲，依次向上表现卷叶，严重者全株叶片卷曲，甚至提早枯死。

（3）丛生矮化型：典型的症状是植株明显矮化，分枝多而细，丛生，叶片变小，顶端叶片黄化，块茎小而多，或有坏死斑，或产生纤细芽。

（4）纺锤块茎型：受害植株分枝少而直立，叶片色泽较浓，叶片小而质地变脆。块茎变长，两端渐尖呈纺锤形。发病重的块茎表皮粗糙，有明显的龟裂。

2. 发生规律

马铃薯病毒病的最主要初侵染来源是携带病毒的种薯，在田间的传播途径主要包括蚜虫传播和汁液摩擦传播。马铃薯病毒通过昆虫媒介或人为操作造成的伤口侵染马铃薯。

3. 防治方法

（1）选用脱毒种薯，建立无病种薯繁育基地。种薯田应设在高纬度或高海拔地区，并通过各种检测方法淘汰病薯，推广茎尖组织脱毒生产无病种薯。

（2）采取防蚜避蚜措施。蚜虫是马铃薯病毒最重要的传播介体，因此防治蚜虫对马铃薯病毒病的控制至关重要。可采用阿维菌素、吡虫啉、抗蚜威等药剂防虫，每隔7~10d喷一次，连续防治2~3次。铲除田间或周围杂草可消灭部分蚜虫，还可用黄板诱杀有翅蚜。

（3）改进栽培措施。播种时增施磷钾肥做底肥，重施有机肥。及时发现和拔除病毒株，以减少病毒源。注意中耕除草，清洁田园。实行垄作栽培，及时培土，做好水分管理。

（4）药剂防治。在发病初期，交替喷施植病灵、病毒必克、宁南霉素、香菇多糖等药剂，每隔7~10d喷一次，连续防治3~5次，对病毒病有一定的预防效果。

（二）马铃薯晚疫病

晚疫病对马铃薯生产的威胁性很大，可造成茎叶枯斑或提早枯死，减少同化作用的面积或缩短同化物的积累时间，从而降低产量，还能引起田间和贮藏期间块茎的腐烂。在晚疫病流行时，一般品种田间损失率在20%左右，不抗病品种田间损失率可达50%以上，窖藏损失10%左右，严重者达30%以上。

1. 症状

马铃薯的根、茎、叶、花、果、块茎和匍匐茎等各个部位都可发生晚疫病，最显而易见的是叶和块茎上的病斑。植株感染晚疫病后，一般在叶尖或边缘出现淡褐色病斑，病斑的外围有褪绿色晕圈，病斑随着湿度的增加逐渐向外扩展，叶面如开水烫过一样，为黑绿色，发软，叶背有白霉，严重的全叶变为黑绿色，空气干燥后枯萎，空气湿润时叶片腐烂，叶柄和茎上也会出现黑褐色病斑和白霉。块茎感病后，表皮出现褐色病斑，起初不变形，后来随侵染加深，病斑向下凹陷并发硬。当温度较高、湿度较大时，病变可蔓延到块茎内的大部分组织。随着其他杂菌的腐生，可使整个块茎腐烂，并发出难闻的臭气，成为湿腐型。块茎在空气干燥、温度较低的条件下，没有其他杂菌感染时，只表现组织的变褐，称为干腐型。

（1）选用抗耐病品种，适时早播。选用抗病品种是最经济有效的方法。选用早熟品种时可适当早播，能一定程度上避开晚疫病最适发病时间，从而减少损失。

（2）降低菌源，减少中心病株发生。种薯入窖前，除充分晾晒和挑选外，还可用克露、甲霜灵锰锌、霜脲锰锌、嘧菌酯等药剂喷一次，尽量杀死附在种薯上的晚疫病菌。播种前，对薯块可用上述药剂进行拌种处理。拌种可分为干拌和湿拌，干拌一般是将一定量的药剂与适量滑石粉或细灰细土混匀，再与种薯混匀后进行播种；湿拌一般是将药剂按照产品说明配成一定浓度后均匀喷洒在薯块上，拌匀晾干后播种。

（3）深种深培，减少病菌侵染薯块机会。种薯播种时，深度要保证在10cm以上，并分次培土，厚度也要超过10cm。块茎埋在8cm以下的土中，不但有利于芽苗生长，还可对块茎起到保护作用，使晚疫病菌不易侵染到块茎上，从而减少烂薯损失，降低块茎带菌数量，间接起到减少翌年田间中心病株的作用。

（4）药剂防治，保护未感病茎叶。根据晚疫病测报工作，适期进行药剂防治。一般在发病前3~5d喷第一次药，以后每隔7~10d喷一次，共喷3~5次药。前期选用保护性药剂，如代森锰锌、丙森锌、百菌清、醚菌酯、双炔酰菌胺等；发现中心病株后选用内吸治疗性药剂，如银法利、抑快净、克露、霉克多、阿克白等。为了减少抗药性的产生，不同药剂应交替轮换使用。同时，注意连片施药，统一防治。

（5）必要时提前割秧，减少病菌落地。在晚疫病流行年份，如果田间绝大部分植株已感病，应立即割掉感病茎叶并运出田外，既可减少病菌落地，又可通过阳光暴晒，杀死落土病菌，从而减少薯块的感染率。

第二节　马铃薯主要虫害的发生与防治

马铃薯害虫按照取食特性和分布特点，可分为地上害虫和地下害虫两大类。害虫为害马铃薯后，使植株地下部或地上部的组织受到损害，影响正常的生长，甚至造成死亡，从而使马铃薯产量和品质下降。有些害虫在咬伤植株组织的同时，还能带来病害或为病害入侵提供有利条件。因此做好对虫害的防治工作，是确保马铃薯丰产的重要保障之一。

一、马铃薯地上害虫

为害马铃薯地上部茎叶的主要害虫有马铃薯蚜虫、马铃薯瓢虫、马铃薯块茎蛾。

（一）马铃薯蚜虫

为害马铃薯的蚜虫种类很多，尤以桃蚜、萝卜蚜、甘蓝蚜最为普遍。

1. 为害与习性

蚜虫对马铃薯的为害有两种。第一种是直接为害。蚜虫群居在叶子背面和幼嫩的顶部取食，刺伤叶片吸收汁液，同时排泄出一种黏物，堵塞气孔，使叶片皱缩变形，幼嫩部分生长受到妨碍，可直接影响产量。第二种是在取食过程中，把病毒传给健康植株（主要是桃蚜所为），不仅引起病毒病，造成退化现象，还使病毒在田间扩散，使更多植株发生退化。这种为害比第一种为害造成的损失更为严重。

2. 防治方法

（1）铲除田间、地边杂草，有助于切断蚜虫中间寄主和栖息场所，消灭部分蚜虫，以减少蚜源和毒源。

（2）掌握蚜虫迁飞规律，躲过蚜虫迁飞和为害高峰期，如采取选用早播种或进行错后播种等方法，可以减轻蚜虫传毒。

（3）在有翅蚜向薯田迁飞时，田间插上涂有机油的黄板，诱杀蚜虫。或采用银灰色膜驱避蚜虫，可减少有翅蚜迁入传毒。

（4）可人工饲养和释放瓢虫、草蛉等蚜虫天敌，减轻蚜虫为害。

（5）在有蚜株率为5%时进行化学防治。可选用抗蚜威、吡虫啉、甲氰菊酯等药剂进行喷雾防治，间隔7~10d，连续喷2~3次。或在越冬期，在越冬寄主上喷洒矿物油防治越冬虫卵。喷药的次数和施用的农药种类，应考虑虫量和保护天敌，要掌握早期检查及早治的原则。

（二）马铃薯瓢虫

马铃薯瓢虫，又称为二十八星瓢虫，主要分布于长江以北，黄河以北尤多。除为害马铃薯外，还能为害其他茄科、豆科、十字花科和禾本科等多种作物和杂草，主要为害茄科马铃薯、番茄、茄子等。

1. 为害与习性

成虫、若虫取食叶片、果实和嫩茎，被害叶片仅留叶脉及上表皮，形成许多不规则透明的凹纹，过多会导致叶片枯萎，使植株干枯呈黄褐色。一般减产10%左右，虫害严重的可减产30%以上。

马铃薯瓢虫在不同地区，发生世代不同，一般一年发生1~3代。成虫群集在向阳背风的树洞、石缝、草丛、土中越冬。如遇冬暖，成虫越冬成活率高，容易出现严重为害。出蛰时，成虫先在附近杂草上栖息，待马铃薯出苗后迁入田间为害。马铃薯收获后，成虫先转移至附近茄科植物上取食，随后迁移至越冬场所旁，等气温剧降时钻入土中，不食不动群集越冬。

2. 防治方法

（1）选择重点区域进行防治，如早播田、高秆作物套种田、水地、下湿地以及距荒山坡较近的马铃薯田块，防止虫害扩散蔓延。

（2）适当推迟播种，免遭群集为害。

（3）利用其群集习性，及时清除田园的杂草和残株等越冬场所，消灭越冬成虫。

（4）根据成虫的假死性，可以折打植株，捕捉成虫。或人工摘除叶背上的卵块和植株上的蛹，并集中杀灭。

（5）在幼虫未分散时进行药剂防治，可有效消灭虫体数；在成虫盛发期进行喷药防治，可起到杀一灭百的作用。因幼虫多分布于叶背，施药时注意将药剂喷向叶背。药剂可选用氯氟氰菊酯、氰戊菊酯、辛硫磷等。如使用两次以上，则最好以有机磷和菊酯类药剂交替使用，防止马铃薯瓢虫产生抗药性。

（三）马铃薯块茎蛾

马铃薯块茎蛾，又称为马铃薯麦蛾、烟潜叶蛾。目前在我国山西、河北、甘肃、内蒙古、四川、云南、贵州等均有发现，是重要的检疫性害虫，主要为害茄科植物，其中以马铃薯、茄子、烟草等受害最重，其次是辣椒、番茄等。

1. 为害与习性

幼虫潜入叶内，蛀食叶肉，严重时嫩茎和叶芽枯死，幼株死亡，幼虫还可从芽眼或破皮处潜入马铃薯块茎内，呈弯曲潜道，甚至吃空薯块，外皮皱缩，并引起腐烂。

马铃薯块茎蛾一年发生数代，以各种虫态在田间母薯及寄主残株落叶上越冬。雌蛾在薯块芽眼、破皮、裂隙及沾有泥土的部位产卵最多。成虫昼伏夜出，有趋光性，能适应较低的温度。干旱有利其发生，播种浅、培土薄的田块发生重。

2. 防治措施

（1）加强检疫，不从疫区调运种薯，并在调运种薯前进行严格检测，消除虫源。在无虫害发生区建立留种田，防止虫害传播。

（2）对种薯进行熏蒸处理。可选用磷化铝片剂或粉剂 1kg 均匀放在 200kg 薯块中，用塑料布盖严，于 12～15℃密闭处理 5d，或 20℃以上时密闭处理3d。还可用溴甲烷在室温10~15℃时，用药35g/m³，熏蒸3h；或在室温28℃时，用药30g/m³，熏蒸6h。也可用二硫化碳在15~20℃的室温下，用药7.5g/m³，熏蒸75min。

（3）加强贮藏期管理。贮藏前，应仔细清扫窖、库，关闭门窗，防止成虫飞入产卵。贮藏时，挑选无虫的薯块入窖，种薯入窖前可用溴氰菊酯等药剂喷洒，晾干后入窖，也可用药剂熏蒸。

（4）加强田间栽培管理与防治。播种时严格选用无虫种薯，避免茄科作物连作。及时摘除虫叶并带出田外深埋或烧毁。搞好中耕培土，防止薯块外露，引来成虫产卵。成虫盛发期可用溴氰菊酯等药剂喷雾防虫；或在成虫产卵盛期，用氯氰菊酯等进行喷雾防治。

二、马铃薯地下害虫

为害马铃薯地下部的主要害虫是地老虎。

地老虎俗称土蚕、切根虫。寄主范围非常广，可为害茄科、豆科、十字花科、百合科、葫芦科以及玉米、胡麻等作物。其中为害马铃薯的主要有大地老虎、小地老虎、黄地老虎，以小地老虎分布最广，全国各地均有发生。

1. 为害和习性

地老虎主要以幼虫为害马铃薯幼苗，在贴近地面的地方咬断幼苗，取食幼苗新叶，并常把咬断的苗推进虫洞，使整个植株枯死，造成缺苗断垄，严重地块甚至绝收。幼虫低龄时，也咬食嫩叶，使叶片出现缺刻和孔洞。幼虫还可钻入块茎为害，影响马铃薯的产量和品质。

地老虎成虫具有趋光性和趋糖蜜性。其中，小地老虎好阴湿环境，田间覆盖度大、杂草多、土壤湿度大的地方虫量大，杂草是早春地老虎产卵的主要场所。其在全国各地发生世代各异，发生代数由北向南递增，但无论年发生代数多少，在生产上造成严重为害的均为第一代幼虫。

2. 防治方法

（1）精耕细作，春秋翻耕土壤，破坏地老虎越冬场所，减少越冬数量，减轻下一年为害。

（2）清除田间、田埂、地头、地边和水沟边等处的杂草，并在作物幼苗期或幼虫1~2龄期结合松土，以减少幼虫和虫卵数量。

（3）在幼虫发生期，可将新鲜泡桐叶浸泡后于傍晚放入菜田中，次日清晨进行捕捉灭杀；或在发现幼苗被咬断的地方，刨挖被害株及附近土壤，人工捕捉幼虫。在成虫盛发期，可利用黑光灯或糖醋液进行诱杀。

（4）虫害发生严重的地区，采用药剂拌种、拌毒土或灌根处理。药剂拌种可选用克百威等溶剂或颗粒剂。或用40%辛硫磷乳油1 000倍液、4.5%高效氯氰菊酯乳油1 000倍液等进行灌根防治。可兼治其他地下害虫。

（5）在成虫盛发期，撒施毒饵诱杀。可将麦麸、秕谷、豆饼或玉米炒香后，每1kg拌入90%敌百虫30倍液（或40%乐果10倍液），做成毒饵，在害虫活动的地点于傍晚撒在地面上毒杀。可兼治其他地下害虫。

第六章 马铃薯贮藏技术

马铃薯收获后仍然是一个鲜活的有机体，存在旺盛的生理生化活动，比如呼吸作用、蒸腾作用、休眠等，贮藏保鲜就是采用科学的设施和技术来降低或延缓这些生理活动，使马铃薯保持良好的商品性状。

第一节 安全收获技术

一、适时收获

应根据植株生长情况、气候状况、病害程度、生产目的和市场需求确定收获时间。对于冬贮鲜食薯和加工薯，应达到生理成熟期，其特征是叶色由绿逐渐变黄转枯，薯块脐部与着生的匍匐茎容易脱离，薯块表皮韧性较大、皮层较厚。成熟期如遇涝灾时，应提早收获。对于随收随上市、不用长期贮存的鲜食薯，收获期应视市场需求及后茬作物播种期而定。种薯应根据其病害程度和成熟度确定收获期。

二、收获注意事项

（1）采收前若植株未自然枯死，可提前 7~10d 杀秧，使薯皮老化。

（2）选择晴天收获。

（3）选择适宜的收获机具，采运、筛选过程千尽量避免机械损伤，减少转运次数。

（4）收获后，可在田间适当晾晒，使薯块表面干燥，避免暴晒、雨淋和霜冻。

（5）去除薯块表面泥土，并进行筛选。筛选种薯时，应剔除带病、损伤、腐烂、不完整、有裂皮、受冻、畸形及杂薯等；筛选鲜食薯和加工薯时，应剔除发青、发芽、带病、腐烂、损伤、受冻的等。

（6）收获、运输中使用工具、容器应进行消毒，可使用 0.2%~1%的过氧乙酸或 0.05%的二氧化氯稀溶液擦拭，也可用 0.1~0.2g/m³

的二氧化氯或 $6\sim10\,g/m^3$ 的硫黄熏蒸，或者采用符合食品添加剂要求的化学方法或采用热烫、紫外线或阳光暴晒等物理方法进行消毒。

第二节　贮藏设施准备

一、检查

贮藏前应检查库（窖）整体的安全性，通风管道的畅通情况，风机、照明、监测等设备的运行情况。

二、清杂

贮藏前一个月应将库（窖）内杂物、垃圾清理，彻底清扫库（窖）内环境卫生。

三、通风

贮藏前 $1\sim2$ 周，应将库（窖）的门、通风孔打开，充分通风换气。

四、控湿

气候比较干燥的地区，应在贮藏前 $2\sim3$ 周，用适量水浇库（窖）地面，控制相对湿度为 85% 以上。气候比较潮湿、地下水位较高的地区，应将库（窖）门窗打开进行通风散湿，并在库（窖）地面、墙壁摆放 $5\sim7\,cm$ 消毒后的秸秆，或在库（窖）地面铺放疏密均匀、清洁干燥的砖块、干木板等架空或垫底材料，垫层高 $10\sim15\,cm$，防潮湿，利通气。

五、消毒

对于鲜食薯和加工薯贮藏设施及设备，贮藏前一周左右，对贮藏库（窖）、辅助设施及包装材料（袋、箱等）进行彻底消毒，依据库（窖）体积，可使用 $1\,g/m^3$ 的过氧乙酸、用 $0.1\sim0.2\,g/m^3$ 的二氧化氯、或用 $6\sim10\,g/m^3$ 的硫黄密闭熏蒸 $1\sim2\,d$，然后通风 $1\sim2\,d$，或使用 1% 的次氯酸钠溶液喷雾，或用饱和的生石灰水喷洒，密闭 $1\sim2\,d$，然后通风 $1\sim2\,d$。可移动设备可采用热烫、紫外线或阳光暴晒等物理方法进行消毒。对于种薯贮藏设施，除了使用上述消毒方法外，还可用 45% 百菌清烟剂、高锰酸钾与甲醛溶液混合密闭熏蒸 $1\sim2\,d$，然后通风 1~2d，或用 1%的次氯酸钠溶液、50%多菌灵可湿性粉剂 800 倍液喷雾消毒，密闭 1~2d，然后通风 1~2d。

第三节　马铃薯预贮

一、创伤愈合条件

在温度 13~18℃、相对湿度 85%~95%的环境下放置 1~2 周。

二、预贮方法

在阴凉通风的室内、荫棚下或露天（薯堆上应覆盖透气的遮光物）进行预贮。散放薯堆高度不超过 0.5m，宽不超过 2m，并在堆中设通风管；袋装薯堆不超过 6 层，垛宽不超过 2m，垛与垛之间不小于 0.6m，垛堆走向应与风向保持一致。

对于强制通风库（窖），与贮藏初期管理同步进行。温湿度控制可通过内部和外界空气的互换或内部空气循环流动来实现；只有当外界温度比室内温度至少低 2℃时，才可利用外部空气流动来调节室内温湿度；内部空气循环是为了减小堆垛顶部和底部的温度差异，温度差不宜超过 1℃；通风量主要根据气候条件、贮藏库（窖）大小和薯块贮藏量、温湿度等情况确定，为每吨薯块 0.01~0.04m³/s。预贮期间，通风量要适当加大，尽快干燥马铃薯表皮和去除呼吸热。

对于恒温库，与贮藏初期管理同步进行。每天降温 0.5~1℃，确保不产生冷凝水。通风量为每吨薯块 0.01~0.04 m³/s。

第四节　马铃薯贮藏管理技术

一、贮藏方式

应按不同品种、不同用途、不同等级分类贮藏。堆放、码垛时，应轻装轻放，由里向外，依次堆放，贮藏总量不应超过库（窖）容量的 65%，堆放高度一般不超过贮藏库（窖）高度的 2/3，堆垛与库（窖）顶间的距离不小于 1m。

适宜贮藏量，可根据贮藏库（窖）的总容积（m³）进行计算，按照每立方米 650~750kg，由以下公式计算出适宜贮藏量：

适宜贮藏量（kg）＝库（窖）容积（m³）×700×0.65

1. 散堆

自然通风库（窖）薯堆高度不超过 1.5m；具有地面通风系统的强制通风库和恒温库，种薯薯堆高度不超过 3m，鲜食薯和加工薯薯堆高度不超过 4m。

2. 袋藏

有透气编织袋、网眼袋或麻袋等多种包装形式，如使用有效宽度为 550~650cm、线密度为 111tex、经纬密度为 36×36 根/100mm－40×40 根/100mm 的编织袋包装时，鲜食薯和加工薯码放层数平放不宜超过 8 层，种薯不宜超过 6 层，垛与垛之间留有观察过道，宽度应不小于 0.6m（宽度可根据机械搬运作业需要确定）。

3. 箱藏

有木条箱或可防潮防腐蚀金属筐等多种包装形式。如使用容积为 1.8~3.6m³ 的木条箱包装时，码放高度不超过 6 层，垛与垛之间留有运输和检查作业过道。

二、贮藏条件

1. 适宜贮藏温湿度

种薯贮藏温度应控制在 2~4℃；鲜食薯贮藏温度应控制在 3~5℃；加工薯贮藏温度一般应控制在 6~10℃，也可根据品种本身耐低温、抗褐变等特性确定适宜温度。贮藏相对湿度应控制在85%~95%。

2. 二氧化碳浓度

种薯贮藏库（窖）内 CO_2 浓度不高于 0.2%；鲜食薯和加工薯贮藏库（窖）内 CO_2 浓度应不高于 0.5%。

3. 光照

鲜食和加工薯应避光贮藏，照明作业时应使用低功率电灯。种薯贮藏后期可利用散射光照射，散射光强度最小为 75lx。

三、贮期管理

整个贮藏期间，应最大限度将库（窖）内温湿度控制在适宜范围，保证垛内外温差不超过 1℃，确保薯皮不潮湿，鲜薯不发生冻害；及时检查去除烂、病薯，控制病害发生，抑制薯块发芽。

1. 贮藏初期

贮藏开始的第一个月，主要加强通风，及时除湿、散热和降温，防止库（窖）和薯堆内部温湿度过高。对于自然通风库（窖），应利用夜间低温，通过打开通气孔、库（窖）门进行通风降温。对于强制通风库（窖），应利用夜间低温，通过机械通风设备和通风系统进行强制通风换气，温湿度控制通过内部和外界空气互换或内部空气循环流动来实现。对于恒温库，应逐步降温至适宜的温湿度范围，同时每天进行适当通风。

2. 贮藏中期

对于自然通风库（窖）和强制通风库（窖），应尽量控制库（窖）内温湿度处于适宜范围。当外界温度较低时，应关闭库（窖）门和通气孔，必要时加挂保温门帘，或在薯堆上加盖草帘吸湿、保温，或使用加热设备，确保马铃薯贮藏温度不低于1℃，以防冻害、冷害发生。在温度适宜天气，适量通风。对于恒温库，控温控湿的同时，应适当通风。

3. 贮藏末期

对于自然通风库（窖）和强制通风库（窖），出库（窖）前一个月，最大限度减少外界温度升高对库（窖）内温度的影响。自然通风库（窖）应利用夜间低温，通过通气孔、库（窖）门进行通风；强制通风库（窖）应利用夜间低温，通过机械通风设备和通风系统进行强制通风换气。出库（窖）前，应缓慢升温使不同用途的马铃薯回温至适宜的出库温度。对于恒温库，出库前，应利用控温系统使不同用途马铃薯的薯温逐步升高到适宜出库温度，每天升高温度0.5~1℃。

四、设施维护

定期检查库（窖）体有无鼠洞，若发现鼠洞，应及时进行堵塞。检查库（窖）周围的排水情况，注意防止雨水、地下水渗入窖内。检查库（窖）体结构，发现库（窖）体裂缝、下沉等涉及安全的问题，及时处理。经常维护库（窖）内照明、风机、温湿度监测等设备。

第七章 马铃薯加工及食用技术

目前，我国马铃薯的消费尚处于以鲜薯简单食用、饲料用和粗放加工的状况。深加工用薯比例不到 10%，主要加工产品为精致淀粉、全粉、速冻薯条、油炸薯片、变性淀粉及粉皮、粉丝、粉条等，产值比较低。

第一节 马铃薯主要加工产品及方法

马铃薯鲜薯经加工利用后不仅可使鲜薯增值，而且可以极大地延长保质期。将马铃薯加工成淀粉、全粉可使马铃薯增值不少，如果加工成其他休闲食品、变性淀粉等产品，增值可达 10 倍以上。

一、马铃薯淀粉加工

马铃薯干物质主要是淀粉。马铃薯淀粉因其蛋白质含量高和脂肪含量低、糊化温度低、颗粒大、安全水分高、无任何异味等优良的品质和独特的性能，具有其他淀粉无可比拟的优越性，决定了马铃薯精淀粉的加工价值、经济价值和广阔的市场前景。

（一）马铃薯淀粉的主要用途

1. 变性淀粉

变性淀粉是指通过用物理、化学的方法或酶制剂的作用改变马铃薯原淀粉的理化性能，使淀粉分子在化学结构上发生变化后而产生的一种新型淀粉衍生物，可广泛用于医药、化工、纺织、造纸、石油、铸造、酒精制药业等。

2. 面食类

方便面及面条食品中添加马铃薯淀粉，主要有以下几方面效果。

（1）制品透明度高，表面光滑，色泽好。

（2）大大改善食品的黏性和弹性，食感好，对改善方便面食品的劣化有效果。

（3）对面的调理时间的改善有效果，使调理汤温度低。这样的效果是其他淀粉不可替代的。

3. 粉条、粉丝和粉皮

（1）粉条生产工艺：选料→冲洗→磨浆→过滤→沉淀→二次过滤→二次沉淀→打芡→揣合漏粉条。

（2）粉丝生产工艺：打芡→合面→漏粉→掌握火候→掌握用量→冷浴捞粉→荫凉→冷冻→摆粉→晾晒→收存。

（3）粉皮生产工艺：选料清洗→磨浆打糊→沉淀淀浆→吊粉皮→晾晒。

4. 鱼、畜产加工制品

用各种粉碎的鱼肉或畜肉及淀粉等加工的食品，其中的水产加工制品是日本传统的食品之一，畜产加工制品主要是西餐，如畜肉火腿等。这样的食品中加入马铃薯淀粉，主要有以下效果。

（1）起到增强制品弹力、保存制品水分的效果。

（2）食品口感食味好，肉质不变味。

（3）改进加工工艺，容易通过加热工序。

（4）休闲类食品，利用马铃薯淀粉黏度和膨胀度高的特性，以马铃薯淀粉为主要原料，制作膨化、休闲类食品。

（二）马铃薯淀粉加工工艺

马铃薯淀粉颗粒包含在细胞液中，生产马铃薯淀粉的主要任务就是尽可能地破坏大量的马铃薯块茎的细胞壁，从释放出来的淀粉颗粒中清除可溶性和不溶性的杂质，得到纯净的马铃薯淀粉。

1. 工业化工艺流程

马铃薯原料→清洗→磨碎→筛分→分离淀粉→洗涤淀粉→脱水→干燥→包装。

2. 传统工艺流程

马铃薯→清洗→磨碎→薯渣分离→沉淀→干燥→粗淀粉。

二、马铃薯全粉加工

马铃薯全粉是将鲜薯去皮煮熟脱水加工制成的干粉，它保持了马铃薯天然风味和营养物质。它是食品加工的中间原料，可制成马铃薯泥、粉、片、丁等食品。

马铃薯全粉加工工艺：筛选鲜薯→连续送料→流水洗净→蒸汽去皮→切片→漂洗→预煮→蒸煮→去除杂质→脱水→粉碎→过筛→烘干→包装。

三、马铃薯休闲食品加工

马铃薯加工制成的休闲食品比较多，有马铃薯速冻薯条、薯干、薯脯、薯丁、薯片、油炸薯条、油炸薯片、膨化食品、酥糖片、薯酱、饴糖、香脆片、香辣片等。

第二节　马铃薯现代化食用方法

马铃薯鲜薯食用方法很多，除炒食、炖烧、煮汤、蒸食、油炸等，用马铃薯淀粉及全粉加工的食品食味具有别样的风味。

1. 马铃薯馒头

马铃薯馒头具有马铃薯特有的风味，同时保存了小麦原有的麦香风味，芳香浓郁，口感松软。此外，马铃薯馒头富含蛋白质，必需氨基酸含量丰富，可与牛奶、鸡蛋蛋白质相媲美，更符合 WHO/FAO 的氨基酸推荐模式，易于消化吸收；维生素、膳食纤维和矿物质（钾、磷、钙等）含量丰富，营养均衡，抗氧化活性高于普通小麦馒头，男女老少皆宜，是一种营养保健的新型主食。

2. 马铃薯面包

马铃薯面包富含蛋白质，必需氨基酸含量丰富，更符合 WHO/FAO 的氨基酸推荐模式，易于消化吸收；维生素 C、维生素 A、膳食纤维和矿物质（钾、磷、钙等）含量丰富，营养均衡，抗氧化活性高于普通小麦面包，是一种新型的营养健康主食。

3. 马铃薯面条

马铃薯面条口感筋道、爽滑，风味独特，富含维生素 C、B 族维生素、膳食纤维及钙、锌等矿物质，脂肪含量低，氨基酸组成合理，含有 18 种氨基酸，包括人体不能合成的各种必需氨基酸，营养丰富，全面均衡。马铃薯面条可蒸可煮，食用便利，是理想、时尚的主食选择。

参考文献

[1]   高广金，李求文．马铃薯主粮化产业开发技术［M］．武汉：湖北科学技术出版社，2016：1-250.

[2]   许敏．西南山区马铃薯栽培技术［M］．北京：中国农业出版社，2005：1-131.

[3]   邹奎，金黎平．马铃薯安全生产技术指南［M］．北京：中国农业出版社，2012：1-201.

[4]   朱明．马铃薯贮藏技术与设施问答［M］．北京：中国农业科学技术出版社，2012：1-61.

编写：沈艳芬　张远学　张等宏

高剑华　李大春　张宪周

甘薯产业

第一章 概 述

第一节 甘薯的起源与分布

一、甘薯的起源

甘薯属旋花科，甘薯属甘薯种，是一年生或多年生草本，又称地瓜、白薯、番薯、甘薯、红苕等，是世界上重要的粮食作物、饲料作物和食品加工、化工、能源业的原料作物，普遍种植于全世界热带和亚热带地区的 100 多个国家。

甘薯起源于以墨西哥为中心的南美洲热带地区，欧洲第一批甘薯是由哥伦布于 1492 年带回，然后经葡萄牙人传入非洲，并由太平洋群岛传入亚洲。甘薯最初引入我国是在明朝万历年间，后来经过陈氏家族加以推广，至今已有 400 多年历史，因其产量高、风味好、有营养、用途广、繁殖及栽培简便，在全国已普遍栽种，栽培面积和总产量仅次于水稻、小麦、玉米而居第四位，已成为我国当前低投入、高产出和抗旱、耐瘠的主要粮食作物之一。

二、甘薯的分布

据联合国粮农组织（FAO）统计，在纳入其年度统计的全球 237 个国家和地区中有 114 个国家和地区栽培甘薯，在世界粮食生产中甘薯总产位列第七位，主要产区分布在北纬 40°以南，其中亚洲 24 个，非洲 40 个，美洲 35 个，大洋洲 11 个，欧洲 4 个。2010 年世界甘薯种植面积 810.63 万 hm^2，产量达 10 657.00 万 t；亚洲甘薯种植面积为 441.65 万 hm^2，总产达 8 851.11 万 t，分别占世界的 54.5% 和 83.1%；非洲甘薯种植面积为 320.33 万 hm^2，产量达 1 421.37 万 t，分别占世界的 39.5% 和 13.3%。

我国是世界上最大的甘薯生产国，甘薯种植面积由 1961 年的 1 084.97 万 hm^2 降到 2010 年的 368.36 万 hm^2，甘薯总产量 2010 年达到 8 116.46 万 t，分别占世界的 45.4% 和 76.2%，占亚洲的 83.4% 和

91.7%。中国甘薯单产水平一直呈现不断提高的趋势，2010 年每公顷达到 22.04t，是亚洲平均水平的 1.10 倍，是世界水平的 1.68 倍。

甘薯在我国种植范围很广，南起海南省、北到黑龙江，西至四川西部山区和云贵高原，从北纬 18°到北纬 48°，从海拔几米到几十米的沿海平原，再到海拔超过 2 000m 的云贵高原，均有分布。经过多年实践，综合气候条件、甘薯生态型、行政区划、栽培面积和种植习惯等，我国甘薯主要种植区可简单划分为 3 个大区，即北方春夏薯区、长江中下游流域夏薯区和南方薯区。北方薯区包括辽宁、吉林、河北、陕西北部、黄淮流域等地，以淀粉加工业为主；长江中下游薯区是指除青海和川西北高原以外的整个长江流域，主要作为饲料和淀粉加工原料；南方薯区则包括长江流域以南地区以及北回归线以南的沿海陆地，多为鲜食和加工成休闲食品。近几年来随着对甘薯保健功能的重新认识，甘薯作为淀粉加工和饲料的比例有所降低，食用的比例有所增加。

第二节　发展甘薯产业的重要意义

近年来，甘薯已逐步成为食品、化工、医药、纺织等各行业重要的工业原料，甘薯因具备良好的营养价值以及药用价值，发达国家将其作为生产营养保健食品的原辅料，开发了 2 000 多种商品，其中包括快餐方便食品、休闲食品、甘薯饮料、甘薯全粉等；又利用甘薯茎尖而开发出甘薯叶保健茶、保健饮料、速冻甘薯茎尖等。与此同时，随着全球不可再生能源煤炭、石油、天然气等的日趋紧张，全球大力提倡生物质能源的开发，我国也大力推广乙醇汽油，由于高淀粉甘薯品种的淀粉含量高，利用甘薯提取燃料乙醇也存在广阔的前景，甘薯在未来极有可能成为重要的能源作物之一，因此，大力发展甘薯产业将具有深远而重大的意义。

一、甘薯的营养价值

随着社会经济的发展和人们生活水平的提高，甘薯不再是过去的"救灾糊口粮"，而是营养丰富极具保健价值的食物。

甘薯含有丰富的淀粉、膳食纤维、胡萝卜素、维生素 A、B 族维生素、维生素 C、维生素 E 以及钾、铁、铜、硒、钙等 10 余种微量元素和亚油酸等，营养价值很高，被营养学家们称为营养最均衡的保健食品。甘薯富含淀粉，一般含量占鲜薯重的 15%～26%，高的可达 30%左右，随种不同而异。据测定，每 100g 鲜薯中含蛋白质 2.3g、脂质 0.2g、粗纤维 0.5g、无机盐 0.9g（其中钙 18mg，磷 20mg、铁 0.4mg）、胡萝卜素 1.31mg，维生素 C 30mg、维生素 B_1 0.21mg、维生素 B_2 0.04mg、尼克酸 0.5mg、热量 531.4kJ。甘薯所含蛋白质虽不及米面多，但其生物价比米面高，且蛋白质的氨基酸组成全面，高达 18 种氨基酸。

甘薯茎蔓也含丰富蛋白质、胡萝卜素、维生素 B_2、维生素 C 和钙、铁，尤其是茎蔓的嫩尖更富含以上营养成分。据台湾报道，甘薯顶端 15cm 鲜茎叶，蛋白质含量为 2.74%，胡萝卜素为 0.558mg/100g，B 族维生素为 0.35mg/100g，维生素 C 为 41mg/100g，铁为 3.14mg/100g，钙为 74.4mg/100g。中国预防医学科学院研究认为甘薯茎叶的蛋白质、胡萝卜素、维生素 B_2、纤维素、碳水化合物、钙、铁等指标的含量在 13 种蔬菜中居首位，香港人更是称甘薯为"蔬菜皇后"。

二、甘薯的保健价值

甘薯不仅具有丰富的营养价值，近年来国际上也开始关注其药用保健价值。甘薯在我国也是传统的药用植物，早在明朝李时珍的《本草纲目》中已有"甘薯补虚乏，益气力，健脾胃，强肾阴"的记载；清朝陈云《金氏种薯谱》记载"性平温无毒，健脾胃，益阳精，壮筋骨，健脚力，补血，和中，治百病延年益寿，服之不饥"。

我国传统医学研究表明，甘薯的茎、叶、块根均可入药。甘薯块根中含有丰富的维生素 C、胡萝卜素、脱氢表雄甾酮及赖氨酸等抗癌物质，其防癌、抗癌等保健作用已被世界所公认。

甘薯中还含有丰富的食物纤维，被称为人体第七营养素，有通便、防肠癌、降低胆固醇和降低血糖的作用。食物纤维还能抑制胰蛋白酶的活性，在一定程度上影响食物在人体小肠的吸收，起到减肥的作用。

薯块里含有的钾、钙等碱性元素较多，在人体内易生成带阳离子的碱性氧化物，使体液呈碱性，故称甘薯是"生理碱性食品"，长期与白面、鱼、肉、蛋类等生理酸性食物搭配食用，有利于保持人体血液的酸碱平衡，可使脸色红润、荣光焕发、延年益寿。

甘薯除薯块有营养保健作用外，薯叶也有很好的保健作用。据北京农学院、江苏徐州甘薯研究中心等研究，甘薯西蒙 1 号的叶有止血、抗癌、降血糖、通便、利尿、催乳、解毒和防治夜盲症等功能，亦能调节人体免疫功能，提高机体抗病能力，延缓衰老。

三、甘薯的工业价值

甘薯被公认为是多用途作物，既可做粮食、蔬菜，又可做工业原料。我国在 20 世纪 50—60 年代主要以食用为主，80 年代以饲用、食用和加工为主，90 年代后以加工为主，食、饲兼用。

近年来，随着食品加工业以及发酵工业的迅速发展，将甘薯作为原料已遍及食品、化工、医疗、造纸等 10 多个工业行业，利用甘薯可制成数百种工业产品和数百种食品。鲜薯加工中，用于淀粉加工的比例最大，淀粉再进一步加工成粉丝、粉条、粉皮等食品和其他制品。除此之外，还可生产变性淀粉、酒精、食醋、味精、柠檬酸、果糖、葡萄糖、饴糖、果脯糖浆、虾片及系列高级点心等。近年来逐渐将甘薯用来生产乳酸、丁酸、丁醇、丙酮、氨基酸、酶制剂、淀粉衍生物以及深加工系列产品等物质。

薯块中含有 20% 左右淀粉，茎叶和块根中含有较丰富粗蛋白、糖类及纤维素等，养分丰富，是良好的饲料；加工后副产品如甘薯渣等可制成各种饲料，延长了饲料供应期，降低饲料成本，提高养殖效益。

甘薯还是重要的新型能源用块根作物，单位面积能量产量达到 435MJ／（$hm^2 \cdot d$)，远高于马铃薯、大豆、水稻、玉米等作物。如今，在全球能源危机、燃油价格日趋攀升的背景下，用酒精代替部分燃油，是未来能源行业发展的趋势，而 100kg 淀粉型鲜薯可制造 15kg 左右的酒精，是生产酒精的理想原料。有专家预测，甘薯种植业将在粮食、能源和环境保护等全球性问题方面担当重要作用。因此，充分开发甘薯的各种有用价值，在提高世界粮食产量的同时还能促进畜牧业和轻化工业的发展。

第三节　甘薯产业的发展概况

一、来凤县基本概况

来凤县属武陵山区，位于鄂西南边缘，地处东经 109°00′~109°26′，北纬 29°06′~29°41′。东南邻湖南省龙山县，西南毗重庆市酉阳县，东北与宣恩县接壤，西北与咸丰县相连，素有"一脚踏三省"之称。来凤县气候温和，土地肥沃，水域辽阔，发展综合农业、立体农业、生态农业潜力大。来凤县最高海拔 1 621m，最低海拔 339m，平均海拔 680m，县城海拔 458m。海拔 800m 以下的低山平坝占来凤县总面积的 78%，居住人口占总人口的 87%。来凤县年平均气温 10~17℃，年平均降雨量 1 300~1 900mm，年日照时数 968~1 512h，属典型的亚热带季风性湿润气候，土壤以黄壤、黄棕壤和砂壤土为主，日照充足，雨量充沛，适宜薯类产业化发展。

甘薯是来凤县的传统栽培作物，重点布局在来凤县革勒车、大河、旧司、翔凤等乡镇的陈家沟、土家寨、古架山、马家坝、大坟山、新街等村。近年来，甘薯食用已大幅减少，主要用作淀粉工业加工和饲料，虽然整个甘薯种植面积有所下降，但随着加工企业的发展，高淀粉品种的种植面积呈上升趋势。

二、来凤县甘薯种植情况

来凤县粮食作物主要以水稻、甘薯为主，据农业普查，来凤县适宜薯类种植面积在 20 万亩以上，常年种植在 13 万亩左右，总产量 19.3 万 t，占全年粮食作物产量的 15.37%。来凤县自然条件优越，甘薯病虫害少、皮薄肉嫩、生育期短、淀粉含量高、产量高、品质优，成为来凤县得天独厚的农业资源。但是在来凤县的很多甘薯产区，所应用的薯种还是多年来一直种植的传统品种，甘薯品种的更新换代速度缓慢，导致可用于不同加工用途的甘薯品种少、品质差，并且部分产区栽培管理比较落后，还延续着甘薯的平地栽植、单一施肥、后期翻蔓等栽植误区。为了改良品种，2012 年来凤县三丰时代农业有限公司与恩施州农业科学院合作，引进甘薯新品种商薯 19 号和徐薯 22 号，发放给 10 000 多户农户种植并签订收购合同。并常年聘请恩施州农业科学院专家，从甘薯育苗、大田移栽、田间管理、薯种贮存进行全程技术指导，彻底改变传统种植习惯，使甘薯平均亩产由 1 000~1 500kg 提高到 2 500~3 000kg，淀粉含量由 13% 提高到 22%，从而提高了农户收益和种薯积极性，同时也增加了企业效益。

三、来凤县甘薯加工和利用情况

20 世纪 50—90 年代初期，来凤县的甘薯块茎主要用作主粮和饲料，茎叶作为青饲料，同时民间手工加工成薯粉、薯干、粉条，没有专业的精加工企业。进入 21 世纪，甘薯的地位发生了根本性改变，以来凤县三丰时代农业有限公司为代表的民营加工企业纷纷崛起，由过去的纯手工加工，已逐步发展为半机械化或自动化生产，生产的甘薯淀粉、粉条（丝）系列产品，远销国内外。以市场运作的方式，带动了来凤县薯农的积极性，促进了来凤县甘薯产业的发展。

目前，来凤县甘薯加工企业虽然呈现快速发展趋势，但还处于加工的初级阶段，企业生产条件与技术装备都比较落后，加工的主要产品是淀粉和粉条，附加值低，深加工技术与新工艺跟不上，有些已经成熟的技术和成型的工艺也因缺乏投资而未能形成产业化。由于鲜薯的不耐贮性而使得加工周期变短（一般只有 3 个月时间），给需连续加工的食品加工企业带来困难。缺乏大型精深加工龙头企业和高端产品，造成产业链不完整，对产业的带动能力差。因此，政府应加大扶持力度，多方筹集资金，广泛招商引资，兴办甘薯加工企业，生产高附加值产品，形成生产、加工、销售一体化产业格局。

四、来凤县甘薯产业化发展优势

（一）政策环境

2011 年，国务院已正式批复，来凤县作为"武陵山区经济协作区龙山来凤经济协作示范区"纳入了《武陵山区区域发展与扶贫攻坚规划》（2011—2020 年）。薯类综合加工是来凤县经济社会发展的需要。受国家产业结构调整，特别是卷烟工业整顿（烟厂关停），使来凤县过去依靠单一的"卷烟"经济（卷烟工业占国民生产总产值的 70% 以上）受到了极大冲击，县级财政收入大幅度下降，大量卷烟工人下岗，就业困难、经济收入和生活水平受到影响，对本来就十分贫困的地区经济发展带来了负面影响。来凤县委、县政府结合本地资源优势把发展农业产业化龙头企业作为该县的支柱产业,同时把薯类加工产业作为来凤县经济发展"十二五规划"的重要内容,已将三丰时代农业有限公司纳入了来凤县"十二五"期间重点扶持的薯类食品加工企业。

(二)交通便利

来凤县位于鄂西南边缘,与湖南龙山、重庆西阳相毗邻,恩来高速、恩黔高速经过来凤,318 国道、209 国道线东西南北交叉,来凤县各乡镇均有公路,基本上实现了村村通路,商品薯、种用薯、加工成品调运快捷便利。

(三)技术依托

来凤县三丰时代农业有限公司依托恩施州农业科学院的技术支撑,成立武陵山甘薯研发中心,推进种薯扩繁和产品研发,因地制宜制定推广甘薯高产高效栽培技术,推广普及了甘薯高垄栽培,合理密植,配方施肥、病虫害防治等栽培技术。

(四)市场优势

据中国淀粉工业协会资料显示,我国甘薯淀粉及其制品在国内市场需要量很大,有很好的市场前景。目前来凤县三丰时代农业有限公司已在恩施、武汉、重庆、长沙、广州设立 5 个直销点,负责重点联系客户,扩展市场空间,负责产品售后的信息调查。该产品非常畅销,2012 年仅销售甘薯淀粉就近 8 000t,产品供不应求。

第二章 甘薯的形态特征 及生长环境

第一节 甘薯的形态特征

甘薯属旋花科甘薯属甘薯种，为蔓生性草本植物。甘薯在热带终年常绿，为多年生；在温带经霜冻茎叶枯死，为一年生植物。甘薯植株可分为根、茎、叶、花、果实、种子等部分。

一、根

甘薯可用种子繁殖，也可用茎蔓或块根（图2-1）繁殖。用种子繁殖的叫有性繁殖，用茎蔓或块根繁殖的叫无性繁殖。甘薯用种子繁

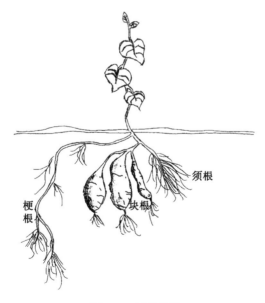

图2-1 甘薯的根

殖时，实生苗先形成一条主根（胚根发育而形成的种子根），以后再

于其上生出侧根，然后由主根和一部分侧根发育成块根。用营养器官繁殖时，生出的均属不定根，由不定根进一步分化发育为纤维根、梗根和块根3种不同的根。

（一）纤维根（须根）

呈纤维状，有根毛，根系向纵深伸展，一般分布在30cm土层内，深可超过100cm，具有吸收水分和养分的功能。

（二）梗根（牛蒡根）

粗如手指，长约30cm左右。甘薯根是先伸长，后加粗，在开始加粗过程中，遇到不良环境条件（如土壤水分过少，通气不良，钾肥不足，氮肥过多等），阻碍了块根膨大，便形成梗根。这种根消耗养料而无经济价值，生产上应防止发生。

（三）块根（贮藏根）

块根是甘薯贮藏养料的主要器官，多分布在5~25cm深的土层内，很少达30cm以下。块根的形状因品种而异，一般可分为纺锤形、球形、圆筒形和块状形等。块根的形状除与品种有关外，还受栽培条件影响，土质疏松、氮肥多、土温高或缺钾时，块根会变长；干旱、土质硬或钾肥丰富时，块根变短或成球形。有的品种块根表面光滑，有的表面有4~6条纵沟或表面粗糙。薯皮光滑的品种比粗糙或有裂缝的品种好。块根的皮色与肉色是鉴别品种的主要特征之一。皮色一般有紫红、黄、淡黄、淡红、白等颜色。肉色一般可分为白、黄、淡黄、橘红、杏黄等。黄肉和红肉品种胡萝卜素含量较多，营养价值较高。

二、茎

甘薯的茎通常叫做蔓或藤。蔓的长相即株型一般分为直立型、匍匐型、半直立型和攀缘型4种，茎长1~7m，生产上推广的品种茎蔓长多为1.5~2.5m，茎色呈绿、绿紫或紫、褐等色。茎节能生芽，长出分枝和发根，再生力强，可剪蔓栽插繁殖。

三、叶

甘薯属双子叶植物，叶着生于茎节，茎上每节着生一片叶，以2/5叶序呈螺旋状排列。叶有叶柄和叶片而无叶托。叶的两侧都有绒毛，嫩叶上的更密。叶片长 7～15cm，宽 5～15cm。叶片形状很多，大致可分为心脏形、肾形、三角形和掌状等，叶缘又可分为全缘和深浅不同的缺刻。叶片、顶叶、叶脉（叶片背部叶脉）和叶柄基部颜色可概分为绿、绿带紫、紫等数种，为品种的特征之一，是鉴别品种的依据。

四、花

甘薯的花单生，或数朵至数十朵丛集成聚伞花序，生于叶腋，呈淡红色或紫红色，其形状似牵牛花（呈漏斗状）。花萼 5 裂，长约 1cm。甘薯花是两性花，雄蕊 5 个，长短不一，有 2 个较长，都着生在花冠基部。花粉囊 2 室，呈纵裂状。花粉球形，表面有许多对称排列的小突起。雌蕊 1 个，柱头多呈 2 裂，子房上位，2 室，由假隔膜分为 4 室。开花习性随品种和生长条件而不同，有的品种容易开花，有的品种在气候干旱时会开花，在气温高、日照短的地区常见开花，温度较低的地区很少开花。

五、果实与种子

果实为圆形或扁圆形蒴果。直径在 5～7mm，幼嫩时呈绿色或紫色，成熟时为褐黄色。1 个蒴果有 1～4 粒种子；甘薯种子较小，千粒重 20g 左右，直径 3mm 左右。种子呈褐色或黑色，形状呈圆形、半圆形或不规则三角形。种皮角质，坚硬不易透水，多用于选育新品种。

第二节　甘薯的生长环境

一切有机体都不能脱离周围环境而生存，甘薯的生长也必然受所处生态条件的影响而产生相应的反应。不同的生态因素对甘薯生长产生不同的影响，且不同生长时期对同一生态因素的要求也是不一样的。

一、温度

甘薯原产热带，喜温暖，怕低温，忌霜冻。适宜栽培于夏季平均气温 22℃以上、年平均气温 10℃以上、全生育期有效积温 3 000℃ · d

以上、无霜期不短于 120d 的地区。薯苗栽插后需有 18℃ 以上的气温始能发根，茎叶生长期一般气温低于 15℃ 时茎叶生长停滞，低于 6~8℃则呈现萎蔫状，经霜即枯。块根膨大的适宜地温是 20~25℃，地温低于 20℃ 或高于 30℃ 时，块根膨大较慢，低于 18℃ 时，有的品种停止膨大，低于 10℃ 时易受冷害，在 -2℃ 时块根受冻。块根膨大时期，较大的日夜温差有利于块根膨大。低温对甘薯生长极有害，较长时期在10℃ 以下时，茎叶会自然枯死。一经霜冻很快死亡。薯块在低于 9℃ 条件下持续 10d 以上时，会受冷害发生生理腐烂。

二、光照

甘薯属喜光短日照作物。它所贮存的营养物质基本上都来自光合作用，在生长过程中，光照充足，则光合作用强，光合产物多，有利于茎叶生长和块根膨大；相反，光照弱，则叶色发黄、叶龄短，茎蔓细长，茎的输导组织不发达，同化产物少，向块根输送亦少，产量降低。甘薯块根膨大不但与光照强度有关，且与每天受光时间长短有关。每天受光 12.5~13h，比较适宜块根膨大。而每天受光 8~9h，对现蕾、开花有利，但不利于块根膨大。所以甘薯与高秆作物间套作时，为不太影响甘薯产量，要加大薯地的受光面积，高秆作物不宜过多过密。

三、水分

甘薯根系发达，是耐旱作物。其蒸腾系数在 300~500，低于一般旱田作物。不同生长阶段的耗水量不同，发根缓苗和分枝结薯期植株幼小，这两个时期占总耗水量的 10%~15%；茎叶盛长期需水较多，约占总耗水量的 40%；薯块膨大期约占总耗水量的 35%。田间栽培中，前期土壤相对含水量以保持在 70% 左右为宜，有利于发根缓苗和纤维根形成块根；中期茎叶生长消耗水分较多，为尽快形成较大叶面积，土壤相对含水量以保持在 70%~80% 为宜；薯块膨大期，应防止土壤水分过多，造成土壤内氧气缺乏，影响块根膨大，此期若遭受涝害，产量、品质都受影响。

四、土壤条件

甘薯系块根作物，块根膨大时需消耗大量的氧气，因此甘薯对土壤通透性要求较高。以土壤结构良好、耕作层厚 20～30cm、透气排水好、含有机质较多、具有一定肥力的壤土或砂壤土为宜，有利于根系发育、块根形成和膨大。甘薯在这种土壤里生长，结薯光滑，薯皮光滑，色泽新鲜，大薯率高，品质好，产量高。土壤养分状况也是甘薯获得高产的重要因子，甘薯生产上除要保证氮肥、磷肥的供应外，要特别重视增施钾肥。

第三章　甘薯各类名优品种

从淀粉加工和食用等用途上，甘薯品种可分为高淀粉专用型品种、鲜食及食品加工型品种、食用兼饲用型品种、茎尖及菜用型品种、紫色食用型品种等5种。在生产上，可根据市场的需求，选用适宜本地区生态环境条件的专用品种。

第一节　高淀粉加工型品种

一、商薯19

商薯19由河南省商丘市农林科学研究所以"sl-01"作母本、"豫薯7号"作父本进行有性杂交选育而成。特征特性：中短蔓型、叶片微紫色、心脏形，叶片、叶脉、茎全绿色，茎蔓粗，长短及分枝中等。结薯早而特别集中，无"跑边"，极易收刨。薯块多而匀，表皮光洁，上薯率和商品率高。薯块长纺锤形，皮色深红，肉色特白，烘干率36%~38%，淀粉含量23%~25%，淀粉特优特白。熟食味中等。商薯19连续两年参加全国区试，鲜薯和薯干产量居首位。一般亩产量：春薯5 000kg左右，夏薯3 000kg左右。适合在河南、河北、山东、山西、江西、江苏、安徽、湖北等地作春夏薯种植。栽培技术要点：栽插密度为3 500~4 000株/亩。在生产过程中注意防治黑斑病，不宜连作和在黑斑病重病区种植。

二、徐薯22

徐薯22是由中国农业科学院甘薯研究所以高淀粉新皮品种"豫薯7号"为母本、双抗高产兼用型"苏薯7号"为父本，于1995—2002年选育而成。2003年1月经江苏省农作物品种审定委员会审定。该品种叶形心齿，顶叶叶脉、叶、茎均为绿色。叶呈心脏形略带缺刻，叶脉浅紫色，薯蔓长中等，地上部长势强，分枝数6~10个，薯块呈下膨纺锤形，薯皮红色，薯肉白色，结薯较集中，大中薯率高。结薯集中、整齐，食味中上等。耐贮，萌芽性特好。薯干产量稳居第一位，鲜薯产量 2 258.2kg/亩，薯干产量 712.3kg/亩。该品种淀粉含量高、产量高、适应性广，是一个理想的淀粉加工型品种，适合全国推广种植。

三、鄂薯 6 号

鄂薯 6 号是湖北省农业科学院粮食作物研究所用"97-3126"作母本、"岩薯 5 号"作父本进行有性杂交，在子代实生系的无性繁殖后代中筛选而成的甘薯品种。2008 年通过湖北省农作物品种审定委员会审（认）定。属长蔓型品种。种薯繁殖萌芽性较好，出苗较整齐。茎匍匐生长，褐绿色，基部分枝数 3.5 个，最长蔓 289cm。叶绿色，心脏形，顶叶淡绿色，叶脉绿色。结薯较集中，单株结薯 2.9 个，薯块较整齐、纺锤型，薯皮红色，薯肉白色，大中薯率 80%，烘干率 35.63%。对黑斑病、根腐病的抗性较好，感软腐病。鲜薯水分含量 62.2%，淀粉含量 26.6%，可溶性糖含量 3.8%。鲜薯平均产量为 2 370.4kg/亩，薯干平均产量 780.0kg/亩，淀粉平均产量 596.2kg/亩。适于湖北省甘薯产区种植。

第二节　鲜食及食品加工型品种

一、济薯 21

济薯 21 是由山东省农业科学院作物所育成，以"CHGU1.002"作母本，以"PC94-1"作父本，经有性杂交选育而成，2007 年通过国家鉴定。该品种萌芽性好，叶绿色，顶叶绿边褐，叶片心脏形，叶脉紫色，茎紫色，中长蔓，较细，分枝较多，长势旺；结薯集中，大中薯率较高，薯块纺锤形，红皮黄肉，结薯性较好，食味较好；高抗根腐病，感茎线虫病和黑斑病。2007 年山东省引种试验平均亩产鲜薯 2 389.8kg、薯干 784.8kg、干物率 32.6%。该品种适应加工熟制薯干用。

二、南薯 010

南薯 010 是南充市农业科学研究所引进国际马铃薯中心的"PC99-1"集团杂交种子，所选育的一个高胡萝卜素食用及食品加工用保健新品种,2010 年四川省审定。中早熟、中蔓型。顶叶色绿、叶形浅裂复缺,叶脉紫,柄基紫,叶色绿,叶片大小中等;蔓色绿,蔓粗细中等,蔓长中等,基部分枝 6~8 个,茎尖茸毛多,株型匍匐,自然开花;薯块长纺锤形,皮黄色,薯形美观,薯肉橘红,烘干率 20.98%,淀粉率 11.89%,可溶性总糖为 7.29%,粗蛋白 0.556%,维生素 C 2 0.1 mg/100g 鲜薯,类胡萝卜素含量 9.3mg/100g 鲜薯,藤叶粗蛋白含量为 1.44%。甜味中等,纤维含量少,熟食品质优;萌芽性较好,出苗早、整齐,单薯萌芽数 10~14 个,幼苗生长势较强;单株结薯 5~6 个,结薯整齐集中,易于收获;2007—2008 年参加省区试,鲜薯产量平均 2 235.18kg/亩,抗黑斑病,耐旱、耐瘠性较强。

三、泉薯 9 号

泉薯 9 号系泉州市农业科学研究所用"泉薯 268"为母本,放任授粉选育而成的甘薯新品种。2009 年通过福建省农作物品种审定委员会审定,2011 年通过国家甘薯品种鉴定。该品种株型短蔓半直立,蔓粗中等偏粗、叶片心形、绿色,叶脉紫色,茎绿色,茎偏粗,叶偏大,薯块长纺锤形,薯皮红色,薯肉黄色,薯身光滑。单株分枝 5~8 条,单株结薯 3~5 个,平均单薯重 237.6g,大中薯率 94.3%,大小较均匀,结薯整齐集中。具有丰产性好,食用品质和外观品质均佳,抗蔓割病、黑斑病和茎线虫病等多种病害,淀粉率高、耐贮、萌芽性好等优良性状。2007—2008 年参加福建省甘薯区试,两年平均鲜薯产量 2 548.6 kg/亩,平均薯干产量 803.9kg/亩,平均淀粉产量 537.2kg/亩。

第三节　食用兼饲用型品种

一、恩薯四号

恩薯四号是恩施州农业科学院 1998 年以本院选育的亲本"恩薯 3 号"作母本,以"恩薯 1 号"作父本杂交选育而成。种薯繁殖萌芽性好,出芽较整齐。茎叶生长旺盛,叶片心形,叶色绿色,叶柄基紫色、脉基紫色、叶脉紫色,茎色为黄绿色。主蔓长 258cm,分枝 6.65 个,单株结薯 3.3 个,薯形为长纺锤形,薯皮红色、光滑,薯肉黄色，大中薯率 80.15%，烘干率 29.01%，食味中等。对黑斑病、软腐病的抗性较好，感根腐病，重感薯瘟病。适应湖北省绝大部分地区种植、在山区适合间套作种植。

二、恩薯二号

恩薯二号是恩施州农业科学院用"8714-13"作母本，"徐薯18"作父本，经有性杂交育成。恩薯 2 号顶茎绿色，叶片心形浅裂单刻，叶色深绿，叶脉浅紫色，叶脉基部紫色，浅绿红茎，平均主蔓长 120.7cm，分枝 5.1 个，半匍匐生长。薯皮深红，肉色橘红，结薯集中，薯形整齐为短纺锤形，抗病耐贮，萌芽快，节间短，苗质好。百苗重 1 903g，栽后易成活。烘干率 32.6%，淀粉含量 21.17%。耐阴性强，适宜间套作种植，2002 年，恩施市白杨坪乡 1.5 万亩示范片，两年平均单产达 2 100kg/亩。适应在湖北省恩施州绝大部分地区种植、在山区适合间作套种植。

第四节　茎尖菜用型品种

一、福薯7-6

福薯 7-6 系福建省农业科学院耕作所以"白胜"为母本计划集团杂交选育而成。2003 年通过福建省农作物品种审定委员会审定。株型短蔓半直立，茎基部分枝多，叶形心脏形，顶叶、成叶和叶脉为绿色，叶脉基部淡紫色，茎尖绒毛少。薯块纺锤形，薯皮粉红色，结薯习性和薯块萌芽性均好。薯叶营养经福建省农业科学院土肥所检验：鲜叶维生素 C 含量 14.87mg/100g，粗蛋白质含量 30.79%，粗纤维含量 14.33%，水溶性总糖含量 0.056%。嫩叶煮熟后颜色翠绿，适口性好，无苦涩味。该品种较抗甘薯疮痂病，轻感蔓割病，虫害发生少，生长期间较少使用农药，其茎尖、嫩叶是一种安全健康的绿色食品。2000 年和 2001 年在莆田、晋江、同安等 3 个点平畦栽培，在 100d 的生长期内，嫩叶（含茎尖）亩产 2 517~2 889kg。

二、鄂菜一号

鄂菜薯一号系 2002 年从徐州甘薯研究中心引进的"w-4"为母

本，以本所选育的水果型甘薯"鄂薯三号"为父本，进行定向杂交，再从实生系种子中选育而成。于 2010 年 4 月通过湖北省农作物品种审定委员会审定。基部分枝数 10.8 个，平均茎粗 0.28cm，叶形心形、顶叶色、叶色、叶脉色、茎色均为绿色，柄基色绿，茎端及表皮无茸毛，最长蔓长 160cm，薯皮淡红黄色，薯肉橘红色，薯形长纺锤形。鄂菜薯 1 号品质经农业部农产品测试中心测试，鲜样蛋白质含量 3.28%、脂肪 0.39%、粗纤维 1.18%、干物质 10.20%、碳水化合物 5.23%、灰分 1.34%、维生素 347.0mg/kg、类胡萝卜素 24.1mg/kg、钙（以干基计）8.0mg/kg、磷（以干基计）6.0mg/kg、铁（以干基计）209.0mg/kg。在鄂菜薯 1 号中检测到 17 种人体所必需氨基酸，氨基酸总和为 25.9mg/kg，品质综合评分居试验第一位。鄂菜薯 1 号 2007—2008 年两年分别在新洲、黄陂、江夏和湖北省农业科学院等 5 点进行区域试验，对照品种为南薯 88，每年剪 6 次，平均每次茎叶产量 652.5kg/亩，居参试品种第一位。

第五节　紫色甘薯品种

一、绵紫薯 9 号

绵紫薯 9 号系绵阳市农业科学院于 2006 年从西南大学甘薯研究中心引进"4-4-259"集团的杂交后代中选育而成的，2012 年通过四川省甘薯新品种审定。中熟，紫肉食用型。株型匍匐，蔓长中等，基部分枝 5~7 个，蔓中等偏细，蔓色绿色，节色绿色。顶叶紫绿色，成熟叶绿色，深裂复缺刻。薯块纺锤形，薯皮紫色，薯肉紫色；烘干率 29.18%，淀粉率 19.03%。熟食品质优，结薯集中，单株结薯 4 个以上。大中薯率 77%；萌芽性较好，单块萌芽 13~18 个，长势中等。中抗黑斑病。2011 年区域试验和生产试验同时进行，区试平均亩产 1 701kg，在所有参试品系中居第一位，薯块干物率 28.9%。

二、济薯 18

济薯 18 号系山东省农业科学院作物研究所与国际马铃薯中心合作，以"徐薯 18"作母本，以国外品种"PC99-2"作父本，通过有性杂交选育而成的紫色甘薯新品种。2007 年通过国家农作物品种审定委员会审定。顶叶和叶片均为绿色，叶脉深紫、脉基和柄基均紫色；叶三角形，边缘齿状，蔓中长，紫中带绿；分枝数较多，地上部生长旺盛，属匍匐型；薯块长纺锤形或直筒形，皮色紫，春薯肉色淡紫，夏薯肉色紫；结薯早而集中，中期膨大快，后劲大，单株结薯数4.1个，大中薯率80.3%；萌芽性好，出苗早而多；抗逆性强，耐旱、耐瘠、适应性广；品质优，经测试鲜薯烘干率26%~30%，蛋白质含量1.03%，淀粉含量15.05%，花青素含量17.1mg/100g，熟食味中上。夏薯亩产2 000kg。

第四章　甘薯育苗及栽插技术

第一节　甘薯育苗

一、苗床选择

选择背风向阳，地势高，排水良好，管理方便的肥土作苗床，床土最好用新土，或用新地作苗床，以杜绝病源发生。整地后按 1.7m（包沟心）划线，播种厢面宽 1.15m，用扁锄将 5~6cm 厚的表土刨入沟中，铺一层新鲜牛栏粪（低山 5cm，二高山 6~7cm）于厢面上，然后选择晴天进行排种。

二、精选种薯与处理

"好种出好苗"是我国农民长期生产实践经验的总结。选种是防止烂床、保证薯苗数量、质量的有效措施。选种时应选择具有本品种皮色、肉色、形状等特征明显的纯种，要求皮色鲜艳光滑，次生根少，薯块大小适中（100~150g），无病无伤，未受冻害、涝害和机械伤害，生命力强健的薯块。经过窖选、消毒选、上床排种时选 3 次筛选，尽量剔除病、伤和不符合标准的薯块，选出最好的薯块进行排种。

排种前要做到浸种灭菌，具体做法是：用 55℃ 温水浸种 10min，或用 300 倍代森铵药液浸泡 10min，也可用 5% 多菌灵 500~800 倍液浸种 5min 后捞出晾干，准备上床。

三、种薯排种

甘薯育苗的排种期以各地区的气候条件、栽培制度、栽插期、育苗方法等来确定。适时排种可以早出苗、多出苗、出壮苗。在来凤，播种时期，低山于 3 月上旬，二高山于 3 月中旬，选晴天上午 10 时至下午 4 时进行播种，排种时将种薯头尾先后相接排在牛粪上，切忌倒排，一般顶（头）部皮色较深，浆汁多，细根少，尾部皮色浅，细根多，细根基部伸展的方向朝下，薯块之间留 1.5cm 空隙，为了保证出苗整齐，应当保持上齐下不齐的排种方法，大块的入土深些，小块的浅些，使薯块上面都处在一个水平上。一般情况下，春薯每亩甘薯所需秧苗用 60kg 种薯就可育成。种薯的大小以 0.10～0.15kg 比较合适，排种密度以 15～20kg/m² 为好。排种太密，成苗反而少，而且苗子质量差，茎细节长，栽插后成活率低。起沟土盖种 1.5～3.5cm，将薯种盖好，厢面整平，四周排水沟通畅。同时用地膜铺平厢面，地膜四周用土密封保温。在来凤，一般采取单膜覆盖，有的地区为了加温和保温，也会采取双膜覆盖，在厢面上拱起竹材，又盖上一层薄膜，四周压严。

四、苗床管理

育苗全靠管理，管理适当，出苗多而快，苗子壮。甘薯从排种到幼苗出土是薯块萌芽阶段，这阶段由于气温与地温都低，所以主要管理工作是保温。地膜四周要用土密封保温，防止被风吹开，薯块遭受冻害，同时要控制浇水，因为薯块萌芽阶段没有叶片，蒸发量少，水分消耗少，所以这个阶段尽量少浇水或不浇水，以免降低地温，影响出苗。但因排薯时，浇水不足，苗床太干，会影响薯块生根发芽，这时还得适当补充水分，以薯皮保持湿润为好。播种后 25～30d 开始出苗顶土时，是培育壮苗的阶段。若遇晴天，上午 10 时将地膜揭去，浇一次稀粪，安上竹拱架，重新将地膜放在竹搭架上，每天坚持早揭晚盖。若遇连阴雨天就将地膜盖严。4 月中旬（二高山 4 月下旬）方可撤膜，将地膜洗净晾干保存。到采苗前这阶段的管理要以"蹲苗"和"炼苗"为主。坚持多次剪苗移栽，5 月上旬当薯秧有 20～30cm 时开始剪苗，严禁拔苗。剪苗要留 3cm 左右苗桩，可减轻带病茎数。每剪一次苗应以稀粪加尿素（每 50kg 稀粪加 1kg 尿素）兑匀后浇施提苗，促进苗多苗壮。剪苗后至薯苗伤口尚未愈合前，不能立即追肥，以免引起霉烂，也就是说当天剪苗当天不能追肥，要到第二天才能进行。对暴露在外的种薯，要及时培土覆盖，促使生根发芽。苗长 7～8 节，够剪就剪，不然会影响苗的数量和质量。

第二节　甘薯栽插技术

甘薯的栽插技术是甘薯栽培的关键技术之一，其栽插方式对甘薯抗旱能力、结薯特点、结薯多少、结薯大小、产量高低及品质有密切关系。生产上常见的栽插方式有直插法、斜插法，水平插法、船底形栽法、压藤法等。现将5种甘薯栽插法介绍如下。

一、水平插法

一般采用长25~30cm的薯苗，栽插时顺垄向开浅沟，把薯苗3~5个节平放在垄面下5~10cm深的浅土层中，苗梢2~3个节外露，盖土压实（图4-1）。由于各节都能生根结薯，很少空节，结薯较多而均匀。如能配合较好的水肥条件，可获得高产。但其抗旱性较差，如遇高温、干旱、土壤瘠薄等不良环境条件，保苗比较困难，易出现缺苗或少株，并因结薯多而营养不足，导致小薯率增多，影响产量。所以水平插法多适于水肥充足、多雨湿润地区应用，小面积高产栽培及"迷你薯"生产适宜采用此法。

图4-1　甘薯水平插法

二、斜插法

一般采用长20~25cm的秧苗斜栽于垄土中，斜度约45°，插入土中2~4个节，苗尖露出土表2~3个节（图4-2）。这种栽插法入土节位多，耐旱，操作容易，抗风，易成活，单株结薯数稍多，靠近地面的节上结薯较大，下部节上结薯小，甚至不结薯。如适当增加单位面积株数，即使单株薯块数不多，由于薯块较大，也可使单位面积薯重有所增加，从而获得高产。所以斜插法适于水肥条件中等、比较干旱的地区采用。

图4-2　甘薯斜插法

三、船形法

适于稍长的薯苗。先将苗的基部埋入 2~3cm 的浅土层内，把薯苗中部向下弯曲压入土中，深4~6cm（沙地深些、黏土地浅些），苗尖和各节叶子外露，首尾稍翘起呈船底形（图4-3）。由于入土节数较多，多数节位接近土表，有利于结薯，因而产量较高，但薯苗中部入土深的部位结薯少而小。宜在土质肥沃、土层深厚、无干旱威胁的条件下采用。此法具备水平浅栽法和斜插法的优点，缺点是入土较深的节位如果管理不当，易成空节。

图4-3　甘薯船形插法

四、直插法

薯苗较短，薯苗长 17~20cm，有 3~4 个节，将 2~3 个节直插入土中，深8~10cm，其余 1~2 个节留在土外（图4-4）。这种栽插法由于插苗较深，容易吸取土壤下层水分和营养物质，能提高耐旱、耐瘠能力，缓苗快，成活率高且省工。直插法结薯多集中在上部节位，下部节位土壤条件差，结薯很少，结薯比较集中，大薯率高，便于机械收获。但是，由于薯苗入土节数少，有利结薯的部位少，以致影响产量，但适当增加密度，也可解决单株结薯数少的不足。宜在干旱瘠薄地或丘陵坡地采用。

图 4-4　甘薯直插法

五、压藤法

南方多阴雨地区或夏薯繁种多用此法，又称长苗水平栽插法。将去顶的薯苗全部压在土中，而薯叶露出地表，栽好后用土压实后浇水（图 4-5）。由于插前去尖，破坏了顶端优势，可使插条腋芽早发，节节萌芽分枝。这种栽插法生根结薯，茎多叶多，促进薯多薯大，且不易徒长。但抗旱性能差，费工，小面积种植或夏薯种植适宜采用此法。

图 4-5　甘薯压藤法

第五章　甘薯高产栽培技术

第一节　单作甘薯高产栽培技术

单作甘薯是指在前作蔬菜、油菜、小麦、马铃薯收获后，接着栽一季甘薯。冬季蔬菜田可种植春薯，高产指标亩产鲜薯 3 500kg；油菜、小麦地可种植夏薯，高产指标亩产鲜薯 2 000kg；马铃薯田可作甘薯留种田，高产指标亩产鲜薯 1 500kg。

一、选地整地

甘薯是适应能力极强的作物，对土壤要求不严，但要获得较高的产量和较好的品质，仍需有良好的土壤环境和耕作管理措施。因此，甘薯地块的选择与深耕起垄也是甘薯生产中不可忽视的重要环节。

（一）地块选择

甘薯属于块根作物，通常选择土层较深厚、土质较为疏松、通气性良好、保肥保水能力强和富含有机质的中性或微酸性的砂壤土或壤土。

（二）深耕起垄

普遍推行深耕起垄栽培，垄作可使土壤结构疏松，空隙度大，透气性好，吸热散热快，加大昼夜温差，利于甘薯生长和根系积累养分，也便于透水排涝。采取晴天起垄，雨前或雨天抢栽，有利大面积抢住栽插季节，提高栽苗成活率，做到一次全苗。垄栽规格要依据地势和栽植方式而定。坡土要横向沿等高线起垄，不可由坡顶向坡底起垄；平坝肥土而地下水位高，垄宜窄而高；单行栽插的垄宜窄而稍矮，双行栽插的垄宜宽而高。高垄双行一般垄宽 1m（包沟心），垄面 40~50cm，垄高 25cm 左右，株距 20cm；窄垄单行（包沟心）60cm，垄面 25cm，垄高 20cm，株距 20cm，每亩密度 4 000~5 000株。

（三）施足基肥

甘薯虽然耐瘠能力强，但要高产就需增加施肥量。综合各地试验资料，亩产鲜薯万千克须施纯氮 20~25kg，五氧化二磷 15~20kg，氧化钾 35~50kg，氮、磷、钾比例以 1∶0.8∶1.5 为宜。恩施处长江中上游，历年有伏旱，高产薯田应在伏旱来临前及早封垄并形成一定薯块产量，以增强抗逆丰产能力，必须坚持施足底肥、早追氮肥、看苗补肥等原则。底肥一般占总肥量的 70%，以腐熟牛粪、渣粪、火土等农家肥为主，掺入足量复合肥（亩施 40~50kg），在整土后起垄前均匀撒施地面，通过起垄将肥料与土壤混匀盖好，保证整个生长期养料供应。

二、大田扦插

（一）选择壮苗

壮苗标准为薯苗长 20cm 左右，展开叶片 6~7 片，叶色浓绿，顶 3 叶齐平，茎粗节短，无病斑，根原基多，百棵苗鲜重 0.5~0.75kg、壮苗生活力强，扎根快、成活率高、结薯早、耐旱能力强。尽量使用第一段苗，切忌使用中段苗，很大程度避免了薯苗携带病原菌，从而保证甘薯能够达到高产。

（二）栽插时间

根据当地气候条件、品种特性和市场需求选择适宜的栽插期。一般当土壤 10cm 地温稳定在 17~18℃ 以上时栽植。适时早栽能够延长甘薯的生育期，生长时间越长，营养物质积累越多，产量就越高。要保证甘薯高产，春薯生长不能少于 180d，夏薯不少于 150d。恩施州地区一般 5 月 20 日前栽春薯，6 月 10 日前栽夏薯，6 月 20 日前后栽留种薯。栽插时间最好选择在阴天土壤不干不湿时进行，晴天气温高时宜午后栽插。大雨天气栽插甘薯易形成柴根，应在雨过天晴土壤水分适宜时栽插。如果久旱缺雨，应考虑抗旱栽插。

（三）扦插方法

甘薯栽插方法与保证全苗、产量形成关系密切，应根据薯苗长短、栽插时间、土壤墒情及气候条件等具体情况因地制宜地选择栽插方法。来凤地区一般采用斜插法，用窖锄按株距 20cm 在垄上挖个裂口，斜插薯苗 3.5~5cm，薯苗露出土外 3 节左右，将根际用土按实即可。

（四）合理密植

甘薯的栽插密度应与栽插时期、品种特性、土壤肥力、光照强度、生产用途及栽插方法等密切配合。一般情况下，栽插期早的密度小些，栽插期晚的密度大些；大叶型品种密度小些，小叶型的密度大些；品种株型紧凑的密度大些，品种株型松散的密度小些；土壤肥力水平高的密度小些，土壤肥力水平低的密度大些；大田浇灌条件好的密度小些，大田浇灌条件差的密度大些；南方等光照强的区域密度小些，北方等光照弱的区域密度大些；鲜食用甘薯密度大些，工业淀粉用甘薯密度小些；一般北方地区单行垄作春薯种植密度为 3 000~3 300株/亩，夏薯为 3 500~4 000株/亩，南方地区秋薯和冬薯密度相对大些，大面积种植密度为 4 000~6 000株/亩。

三、田间管理

（一）查苗补苗

在薯苗扦插后，常因干旱、病虫为害、弱苗或栽培失误等引起少量死苗缺株，应及时查苗补苗，保证全苗。查苗补苗愈早愈好，宜在插后 4~5d 内进行。补苗成活后用 2%磷酸氢铵水溶液浇施，促进补苗的快速生长。

（二）中耕除草

一般在栽后 10d 至封垄前中耕除草 2~3 次，如遇多雨、杂草多时还要增加中耕次数。中耕可以消除杂草、疏松土壤、同时防止露根、露薯，减少虫鼠为害。中耕深度应根据甘薯不同生长期的根系情况而定，一般是由深到浅，上浅下深。初次中耕是在甘薯生长初期，中耕深度可达 7cm 左右。块根形成后，为了不损伤根系和块根，中耕深度随之渐浅，一般以 3cm 左右为宜。培土时，一般培土厚度为 5cm 左右为佳，不宜太厚。

（三）合理施肥

根据不同生长时期确定追肥时期、种类、数量和方法，做到合理追肥。追肥一般施 3 次：①催藤肥，栽后 10~20d 亩施尿素 10~20kg（或碳铵 15~20kg）、距苗根 15cm 处，将行中用窝锄挖穴点施土中，及时盖肥，促进早分枝早封垄；②结薯肥，栽后 40d 至封垄前，亩施复合肥 15~20kg，与腐熟的油菜壳 750~1 000kg 拌匀，施于垄面，结合清沟培垄盖好肥料，促进多结薯、结大薯；③根外补肥，立秋至处暑，对藤叶生长旺盛的田块进行根外追肥。每 50kg 水对磷酸二氢钾 0.1kg、尿素 0.25kg，混匀后每亩喷液约 100kg 于叶面上，促进藤叶养料向块根运转，促使更多小薯变大薯，大薯长得更大。

（四）藤蔓管理

为控制主茎的长度和长势，促进侧枝发生和分枝生长，当薯藤长到 30~40cm 时，打一次顶尖可促进多分枝，有利地协调地上和地下的矛盾，有利于结薯大而均匀。大量试验表明，翻藤与剔藤都会造成减产，因而不必翻藤。为了满足养猪的青饲料需要，既要剔藤，又要甘薯高产，则必须分次、适量，并且每次剔藤后都要增施氮肥，以促进生长。

四、甘薯收获

（一）适时收获

甘薯是块根作物，块根是无性营养体，块根的膨大不受发育阶段影响，只与温度、地力有关。甘薯没有明显的成熟期，只要条件适宜，生长期越长，产量越高。在露地栽培中，不同地区就要根据当地的气候特点来选择合适的收获时间。收获时间不同，产量、品质、耐贮性有明显差异。甘薯的收获适期是在气温下降到 15℃ 开始，到气温 10℃ 以上、地温 12℃ 以上收获完毕，避免低温冷害对甘薯的为害。如果收获过早，会人为缩短甘薯的生长期，生长不充分，产量下降，品质差。但收获过晚，如果遇到 9℃ 以下的低温，会使薯块受冷害或冻害，不利于薯块安全贮藏，也影响食用。收获早晚还会影响到薯块出干率及淀粉含量。对不同用途、不同情况如需腾茬、甘薯加工、鲜食、留种用等原因其收获期应分别对待。

①春薯加工区主要用于晒干、加工淀粉等，应于 10 月初至 10 月中旬收获，此期甘薯产量及烘干率均较高，且天气好，利于加工。②需早腾茬，可在 9 月下旬收获，但甘薯产量减少 10% 左右。③留种用甘薯，必须在霜降前收获，甘薯不受冷害，过早收获气温高，入窖易造成病害发生。其他用途如作鲜食用商品薯，可早收，早上市，价格高、效益好。

（二）收获技术要点

要尽量选择晴天、土壤湿度较低时收获甘薯，收获前一天先把地上茎叶部分割去，割的时候在根部要留出一段，以便收获时有明确的目标。一般上午收获，中午在地里晾晒，剔除在田间遭受水浸、冷害、冻害、破伤、带病的薯块，于当天下午运回贮藏。当天不能贮藏的，晚上必须要加盖覆盖物以防冷害。无论人工收刨或机械收获都要做到轻刨、轻挖、轻拿、轻装、轻运、轻放，尽量不损伤薯皮。

第二节　间套作甘薯高产栽培技术

随着紧凑型玉米品种引入，旱地多熟高产高效种植模式的应用，间套作模式可以有效改善作物争夺空间的矛盾，综合效益高于单作，资源利用率提高，有利于农业的平衡发展。

一、甘薯间套作种植模式

（一）小麦/春玉米/甘薯方式

于小麦预留行里套春玉米，麦后套栽甘薯。小麦按 1.5~1.6m 划线，播两行小麦，小麦行距 40cm，保证预留行 1.1~1.2m 便于早春栽两行早玉米。玉米按宽窄行栽植，窄行 0.33m，宽行 1.1~1.2m。麦收后及时在玉米宽行正中施肥起垄，每垄栽两行甘薯，保证密度每亩栽 4 000 株。麦后甘薯必须抢在 6 月 10 日前栽完，最迟要在 6 月 20 日左右栽完。

（二）小麦（油菜）-夏玉米/甘薯方式

于密播小麦或油菜收获后，及时栽玉米，玉米行中套栽甘薯。夏玉米于 3 月底至 4 月上旬前期适期早播育，宽窄行起垄，玉米按窄行距 0.33m 起垄，保证密度每亩栽 4 000 株，甘薯按 0.8m 起垄，保证密度每亩栽 4 000 株。

（三）马铃薯/春玉米/甘薯方式

在马铃薯预留行中套春玉米，马铃薯收后，及时套栽甘薯。马铃薯按 1.5~1.6m 划线，播两行马铃薯，马铃薯行距 50cm，保证预留行 1.1~1.2m，于早春栽两行早玉米。玉米按宽窄行栽植，窄行

0.33m，宽行 1.1~1.2m。马铃薯收后及时在玉米宽行正中施肥起垄，每垄栽两行甘薯，保证密度每亩栽 4 000 株。马铃薯收后甘薯必须抢在 6 月 10 日前栽完，最迟要在 6 月 20 日左右栽完。

二、甘薯间套作配套栽培关键技术

（一）安排茬口、合理耕作

间套作模式核心技术是分带种植不同茬口的作物，间套作种植增加了土地负荷，因而合理安排茬口，搞好田间耕作管理，培肥土壤肥力和协调好各作物间光温资源，才能获得各作物的高产稳产，充分发挥耕地潜力。适当种植豆科、油菜等肥地的作物，尽量应用免耕栽培技术和加大秸秆还土力度，减少耕翻对土壤结构的破坏，增加土壤保水保肥能力，达到培肥土壤的目的。同时，不论何种间套作种植模式，都应该缩短套种作物之间的共生期，减少相互间荫蔽作用，各种作物宜选用中熟品种，早套种，早收割，保证各作物在灌浆结实期有足够的温光资源。

（二）选用优良种质、合理密植

选用紧凑型、半紧凑型玉米新品种，其株形较紧凑，透光性好，植株较矮健，抗倒伏力较强等特点，也为增加密度提供了可能性，同时为提高甘薯种植密度创造了条件。根据所做的甘薯密度试验得出结论，从经济效益分析，以 4 000 株/亩经济效益最好。在平栽条件下，密度大，产量高，各处理间差异均极显著，从经济效益来看，仍以 4 000 株/亩为佳，密度增大，增加薯苗成本 20~40 元，而鲜薯增产只 100~200kg，按单价 0.5 元/kg 计算，增产不增收。

（三）推广配方施肥

间套种植必须分别满足作物的施肥量，尤其不能认为给玉米施足了肥料而不另给甘薯施肥，一定要防止肥料不足而导致减产。玉米基肥采用复合肥（$N : P_2O_5 : K_2O = 15 : 15 : 15$），其总养分含量为 45%。亩施用量 50kg，追肥分苗肥和穗肥两次施入，苗肥亩用尿素 10kg；穗肥亩用尿素 20kg。套栽在玉米行中的甘薯，在小麦或马铃薯收获后及时整土，将麦草（或马铃薯茎叶）翻入土内，每亩施复合肥（或复混肥）35kg 拌火土 200kg，撒在玉米宽行面上，通过起沟培垄使肥料与土壤混匀盖好。栽后 15~20d 内追施尿素 5~10kg（或碳铵 15~20kg），距薯苑 13.3cm 处用窖锄挖穴施入，并清沟盖好肥料。玉米收获后，及时挖去玉米兜、结合锄草，追施稀粪 1 500~2 000kg/亩，促进藤叶生长，多结大薯。

（四）严禁剔藤

套栽甘薯在整个生长期内不可剔藤作饲料，否则，甘薯会减产。即使栽秋玉米，也不可剔藤或割藤，可在早玉米收获后及时将薯藤理向沟心，再挖去根茬，在窄行线上给秋玉米施肥，秋玉米栽后根据需要注意理藤两次，以免薯藤盖住秋玉米苗，而影响秋玉米生长势。

第六章　甘薯主要病虫害防治技术

甘薯是粮食、蔬菜、饲料兼用作物，营养价值很高，也是工业生产的原料，近年来，越来越受到人们的青睐，但是伴随着种植区域不断扩大，病虫害发生程度也有蔓延的趋势。甘薯病虫害主要有黑斑病、软腐病、根腐病、黑痣病、病毒病、甘薯瘟病、茎线虫病、蚁象、斜纹夜蛾、卷叶虫等。

第一节　甘薯病害防治技术

一、甘薯黑斑病

甘薯黑斑病又称黑疤病，俗名黑疔、黑膏药、黑疮等，是甘薯的重要病害。此病发生为害期很长，从育苗期、大田生长期到收获贮藏期都会发生。薯块受害时间最长，损失很大。而且病薯含有毒素，牲畜吃了也会中毒，甚至死亡。

（一）症状

为害薯苗茎基部和薯块，育苗期病苗生长不旺，叶色淡。病基部长出椭圆形或梭形病斑，病斑稍凹陷，病斑初期有灰色霉层，后逐步出现黑色刺毛状物和黑色粉状物。病斑逐渐扩大，苗的基部变黑，呈黑脚状而死，严重时苗未出土即死于土中。种薯变黑腐烂，造成烂床。圆筒形、棍棒形或哑铃形。分生孢子可随时萌发生出芽管，在芽管顶端再串生小的内生次生孢子；但有时也可萌发后形成厚垣孢子，暗褐色椭圆形，壁厚，能抵抗甘薯黑斑病病原菌农业植病学不良环境。

（二）病原

甘薯黑斑病是由甘薯长喙壳菌侵染引起。病菌以厚垣孢子和子囊孢子在贮藏窖或苗床及大田的土壤内越冬，或以菌丝体附在种薯上越冬，成为次年初侵染的来源。

（三）传播途径

黑斑病主要靠带病种薯传病，其次为病苗，带病土壤、肥料也能传病。用病薯育苗，长出病苗，病菌可直接侵入苗根基。在薯块上主要从伤口侵入，也可通过根眼、皮孔、自然裂口、地下虫咬伤口等侵入。在收获、贮藏过程中，操作粗放，造成大量伤口，均为病菌入侵创造有利条件。窖藏期若不注意调节温湿度，特别是入窖初期，由于薯块呼吸强度大，散发水分多，薯块堆积窖温高，在有病源和大量伤口情况下，很易发生烂窖。黑斑病发病温度与薯苗生长温度一致，最适温度为 25~27℃，最高 35℃；高湿多雨利于发病，地势低洼、土壤黏重的地块发病重；土壤含水量在 14%~60% 范围内，病害随温度增高而加重。不同品种抗病性有差异；植株不同部位差异显著，地下白色部分最易感病，而绿色部分很少受害。

（四）防治方法

1. 培育无病苗

建立无病苗种地，严格控制病苗、病薯的调运传播，发现病薯、病苗及时处理。

2. 适时收获，安全贮藏

晴天收获留种薯，避免薯块淋湿和冻伤，贮藏室要清洁消毒，严格挑选健薯，剔除病薯入贮，以保证贮薯安全。

3. 种植无病壮苗

种前种苗最好喷施 2% 福尔马林消毒，薯块最好放入 2% 福尔马林溶液浸泡 10min，以杀死病菌，苗床也要消毒。

4. 选好苗床

苗床最好选择向阳避风、土壤肥沃、排水良好的高旱地，床土最好用新土，或用新地作苗床，以断绝病源的发生为害。

5. 采用两次高剪移栽

第一次当苗长至 25cm 左右时，从苗基部离地面 3~6cm 处剪下移栽；第二次再将繁殖苗离地 10~15cm 处剪下移栽到大田，这样可以保证无病健苗种植。

6. 合理轮作

黑斑病菌能在土壤中存活两年以上，因此，实行 3 年以上的轮作和改种，并加强大田管理能有效防止该病发生。

7. 药剂浸苗

用70%甲基托布津可湿性粉剂500~700倍液，蘸根部6~10cm处2~3min。

二、甘薯软腐病

甘薯软腐病俗称"水烂"，是甘薯收获及贮藏期重要的病害。该病常发生于贮藏后期，通常是薯块受到冻伤后，抵抗力较弱，病菌开始进行侵染。该种病菌会在薯块间传染，一旦暴发，将对甘薯产量和品质造成极大的损失。

（一）症状

薯块染病，初期在薯块表面长出灰白色霉，后变暗色或黑色，病组织变为淡褐色水浸状，后在病部表面长出大量灰黑色菌丝及孢子囊，黑色霉毛污染周围病薯，形成一大片霉毛，病情扩展迅速，2~3d整个块根即呈软腐状，发出恶臭味。

（二）病原

甘薯软腐病的病原是匍枝根霉，又称黑根霉，是真菌的一种，属接合菌纲的根霉属。该菌易从薯块伤口处侵染，生活适应性很强，可存留于空气、薯皮甚至窖土中。

（三）传播途径

该菌存在于空气中或附着在被害薯块上或在贮藏窖越冬，由伤口侵入。病部产生孢子囊借气流传播进行再侵染，薯块有伤口或受冻易发病。发病适温15~25℃，相对湿度76%~86%；气温29~33℃，相对湿度高于95%不利于孢子形成及萌发，但利于薯块愈伤组织形成，因此发病轻。

（四）防治方法

适时收获，避免冻害，甘薯应在霜降前后收完，收薯宜选晴天，避免造成伤口。入窖前精选健薯，剔除病薯，把水气晾干后适时入窖，提倡用新窖，旧窖要清理干净，或把窖内旧土铲除露出新土，必要时用硫黄熏蒸，每立方米用硫黄50g。对窖贮应据甘薯生理反应及气温和窖温变化进行3个阶段科学管理：一是贮藏初期，即甘薯发干期，甘薯入窖10~28d应打开窖门换气，待窖内薯堆温度降至12~

14℃时可把窖门关上；二是贮藏中期，即 12 月至翌年 2 月低温期，应注意保温防冻，窖温保持在 10~14℃，不要低于 10℃；三是贮藏后期，即变温期，从 3 月起要经常检查窖温，及时放风或关门，使窖温保持在 10~14℃。

三、甘薯病毒病

甘薯病毒病症状与毒原种类、品种、生育阶段及环境条件有关。

（一）症状

病株表现花叶、皱缩、黄化、老叶出现紫红色羽状斑驳或环斑，茎蔓长势弱，薯块表皮粗糙，皮色变浅，产量低。一般减产 20%~30%。

（二）病原

甘薯采用无性繁殖，体内病毒逐年积累，病情逐年加重，引起品种种性退化，产量和品质下降。病毒病种类有 10 余种，主要有甘薯羽状斑驳病毒（SPEMV）、甘薯潜隐病毒（SPLV）和甘薯黄矮病毒（SPYDV）3 种。

（三）传播途径

薯苗、薯块均可带毒，进行远距离传播。经由机械或蚜虫、烟粉虱及嫁接等途径传播。其发生和流行程度取决于种薯、种苗带毒率和各种传毒介体种群数量、活力、传毒效能及甘薯品种的抗性，此外，还与土壤、耕作制度、栽植期有关。病毒与细胞质共存于细胞中，难以采用药物防治。随着生物技术发展，利用甘薯茎尖病毒含量低或不带病毒的特性，进行茎尖分生组织培养，获取脱毒苗，再加速繁殖用于生产是防治甘薯病毒病的重要途径。

（四）防治方法

1. 选用抗病毒病品种及其脱毒苗

2. 用组织培养法进行茎尖脱毒，培养无病种薯、种苗

方法：取温室甘薯苗茎顶 3cm 左右芽段，用无菌水冲洗 3 次，在无菌试管内小心切 0.2~0.4mm 茎尖，接种在预先配好的无菌试管培养基中，通常用 MS 培养基，另外，可根据需要添加不同配比的激素。培养基一般盛在 25cm×20cm 的试管中，5~10cm。在温度 22~

32℃，光强 2 000~5 000lx，日光照 16h，一般两个月左右成苗。脱毒苗繁育分原原种、原种和生产种 3 级。原原种是用茎尖组织培养方法结合病毒鉴定技术获得的脱毒苗，在防虫温室或网室条件下生产的薯苗或薯块。原种是用原原种薯或薯苗，在一定远距离隔离条件下生产的薯块。生产种是用原种在大田条件下生产的薯块，它一般供大田用种，最多再繁殖一年大田利用，以后不宜作种薯利用。

3. 田间管理

加强薯田管理，大田发现病株及时拔除后补栽健苗，提高抗病力。

4. 药剂防治

发病初期喷洒 10%病毒王可湿性粉剂 500 倍液或 5%菌毒清可湿性粉剂 500 倍液、83 增抗剂 100 倍液、20%病毒宁水溶性粉剂 500 倍液、15%病毒必克可湿性粉剂 500~700 倍液，隔 7~10d1 次，连用 3 次。

四、甘薯茎线虫病

甘薯茎线虫病又叫空心病，俗称"糠心病"，是由一种 2mm 以下的、像细线一样的线虫引起的，它的头部有铁钉状的口针，可以穿透甘薯的幼根或者表皮，钻到甘薯薯块内部，吸取营养，使甘薯肉形成灰、白、褐相间的空洞，变成"糠心"。该病是国内植物检疫对象之一，是一种严重为害甘薯生产的病害，发病轻者减产 20%~30%，重者减产 50%，甚至失收。在大田生长期和贮藏期均可发生。

（一）症状

甘薯茎线虫病主要为害甘薯块根、茎蔓及秧苗。茎线虫在薯块开始膨大时侵入薯体，感染茎线虫病的甘薯，薯蔓表皮龟裂，形成不规则褐斑，薯蔓内髓部变成黑褐色，严重发生时呈干枯状。受害薯块表皮出现一块块黑色晕斑，并形成较大的龟裂，薯块的内部变成褐、白或黑色腐烂。甚至在贮藏期还可引起薯块烂窖，失去食用价值。

（二）病原

甘薯茎线虫病原是一种寄生线虫，主要寄生在甘薯的块根及茎内，能以卵、幼虫、成虫 3 种虫态同时在薯块中于窖内越冬，也可以幼虫或成虫状态在土壤中越冬。

（三）传播途径

病原能直接通过表皮或伤口侵入。此病主要以种薯、种苗传播，也可借雨水和农具短距离传播。病原在7℃以上就能产卵并孵化、生长，最适温度25～30℃，最高35℃。湿润、疏松的沙质土利于其活动为害，极端潮湿、干燥的土壤不宜活动。

（四）防治方法

1. 加强检疫，保护无病区

严禁从病区调运种薯、种苗；对引进的可疑薯苗，进行消毒处理。

2. 建立无病留种地，培育无病壮苗

繁殖无病种薯、培育无病壮苗是防治甘薯茎线虫病的根本措施。

3. 清除病残体，减少病原线虫

每年育苗、栽种和甘薯收获时节，不要把病薯及病秧蔓等遗留田间，要全部收集起来深埋或烧毁。

4. 实行轮作或改制

重病田可改种水稻、玉米、高粱、棉花等作物，一般与非寄主作物轮作3～4年，但不能与马铃薯、番茄、花生等作物轮作。轮作3～4年以上的地块栽植甘薯，一般不会感染茎线虫病。

5. 药剂防治

（1）药剂浸苗：把薯苗下部一半浸入有效成分0.4%甲基异硫磷，或用0.5%辛硫磷水溶液中10min，防病效果在80%以上。

（2）呋喃丹穴施：用3%呋喃丹颗粒剂，每亩2～3kg，加细沙150kg左右混拌均匀，栽薯时每穴先施入药砂50g，然后浇水栽苗，防病效果在90%以上。

第二节　甘薯虫害防治技术

一、甘薯蚁象

甘薯蚁象是甘薯主要虫害之一，又称甘薯象鼻虫或甘薯小象甲，属鞘翅目，蚁象虫科，是热带和亚热带地区甘薯生产上一种毁灭性害虫，通常使甘薯减产20%～50%，损失严重，甚至绝收，是甘薯生产主要限制因子之一。目前,世界上尚未找到有效抗虫基因,至今仍没有培育出高抗蚁象的品种。

（一）形态特征

成虫体长5~8mm,体形细长如蚁。全体除触角末节、前胸和足呈桔红色外,其余均为蓝黑色而有金属光泽。头部延伸成细长的喙,状如象鼻,复眼半球形略突,黑色;膝状触角10节,雄虫触角末节成棍棒状,雌虫则成长卵状。前胸长为宽的2倍,在后部1/3处缩入如颈状。两鞘翅合起来呈长卵形,显著隆起,宽于前胸,鞘翅表面具有不明显的22条纵向刻点;后翅宽且薄;足细长,腿节近棒状;卵乳白色至黄白色,椭圆形,壳薄,表面具小凹点;末龄幼虫体长5~8.5mm,头部浅褐色,近长筒状,两端略小,略弯向腹侧,胸部、腹部乳白色有稀疏白细毛,胸足退化,幼虫共5龄;蛹长4.7~5.8mm,长卵形至近长卵形,乳白色,复眼红色。

（二）生活习性

甘薯蚁象有明显世代重叠现象,多以成、幼虫、蛹越冬,成虫多在薯块、枯叶、土缝越冬,幼虫、蛹则在薯块、藤蔓中越冬,成虫昼夜均可活动或取食,白天喜藏叶背面为害叶脉、叶梗、茎蔓,也有藏在地缝处为害薯梗,晚上在地面上爬行。卵喜产在露出土面的薯块上,先把薯块咬一小孔,把卵产在孔中,一孔一粒,每雌产卵80~253粒。初孵幼虫蛀食薯块或藤头,有时一个薯块内幼虫多达数十只,少的几只,通常每条薯道仅居幼虫1只。早春成虫先在过冬植物上完成1代,再转移到田间为害。成虫飞翔力弱,怕直射日光,有假死性。

（三）为害症状

主要以幼虫为害,成虫取食薯藤和叶柄表皮,也为害嫩芽、嫩叶和叶背主脉。幼虫在薯块内和粗蔓中取食,形成隧道,并将粪便排泄于其中,而且还能传播细菌性病害,使受害部位变成黑褐色,产生特殊的恶臭和苦辣味,使甘薯不耐贮藏,不能食用,也不能作饲料。

（四）防治措施

由于蚁象多在地下块茎为害,世代重叠,给人工和药物防治带来很大困难,目前,对该虫还没有较理想的防治方法。

1. 加强检疫措施

从虫害区调运种薯、薯苗时，要严格实行检疫，带虫薯苗，必须要经有效的无害化处理后方可调运，从源头上堵住疫情传播渠道。

2. 农业防治

（1）田间管理：及时培土，适时灌水保持土壤湿度，防止薯块裸露。填塞垄面裂缝和覆盖薯蒂，减轻害虫侵害。

（2）清园灭虫：甘薯收获后将虫害薯、烂薯、坏蔓拾干净，集中放在水坑中浸 1~2d，幼虫及蛹被水浸没而死，防止成虫逃逸。

（3）轮作：有条件地区尽量实行水旱轮作，消灭虫源。

3. 化学防治

（1）药液浸苗：用 50% 杀螟松乳油或 50% 辛硫磷乳油 500 倍液浸湿薯苗 1min，稍晾即可栽秧。

（2）毒饵诱杀：在早春或初冬，用小鲜薯或鲜薯块、新鲜茎蔓置入 50% 杀螟松乳油 500 倍药液中浸 14~23h，取出晾干，埋入事先挖好的小坑内，上面盖草，每亩 50~60 个，隔 5d 换 1 次。

4. 生物防治

采用 1.25L 可乐瓶，内置雌虫性信息素诱芯，以 2% 洗衣粉溶液为捕获介质，制作长方形诱捕器。将诱捕器固定在离地 40~50cm 高的木棍或竹竿上。田间诱捕器投放数量为 3 只/亩，棋盘式或梅花式排放，每隔 3~5d 更换一次诱捕介质，一个月更换一次新诱芯。

二、甘薯麦蛾

甘薯麦蛾又称甘薯小蛾，幼虫俗名甘薯卷叶虫、甘薯包叶虫、甘薯花虫，属鳞翅目谷蛾总科麦蛾科。甘薯麦蛾除为害甘薯外，还为害五爪金龙、月光花、牵牛花等旋花科植物。

（一）形态特征

甘薯麦蛾成虫体长 4~8mm，黑褐色；前翅狭长，黑褐色，中央有两个褐色环纹，翅外缘有 1 列小黑点。后翅宽，淡灰色，缘毛很长。卵椭圆形，乳白色变淡黄褐色。老熟幼虫细长纺锤形，长约15mm，头稍扁，黑褐色；前胸背板褐色，两侧黑褐色呈倒八字形纹；

中胸到第二腹节背面黑色，第三腹节以后各节底色为乳白色，亚背线黑色。蛹纺锤形，黄褐色。

（二）生活习性

一年发生3~4代，以蛹在田间残株和落叶中越冬，越冬蛹于6月上旬开始羽化，6月下旬在田间即见幼虫卷叶为害，8月中旬以后田间虫口密度增大，为害加重，10月末老熟幼虫化蛹越冬。成虫趋光性强，行动活泼，白天潜伏，夜间在嫩叶背面产卵。幼虫行动活泼，有转移为害的习性，在卷叶或土缝中化蛹。7—9月温度偏高，湿度偏低年份常引起大发生。

（三）为害症状

甘薯麦蛾以幼虫为害甘薯，幼虫吐丝将薯叶的一角向中部牵引卷折起来，在卷叶取食叶肉和表皮，发生严重时薯叶大量卷缀，后期常出现成片"火焚"现象。

（四）防治措施

1. 及时清园

秋后要及时清除田间残株枯叶和杂草，以消灭越冬蛹，降低田间虫源。

2. 捏杀幼虫

开始见幼虫卷叶为害时，要及时捏杀新卷叶中的幼虫或摘除新卷叶。

3. 物理诱杀

在大面积种植田，利用成虫的趋光性用杀虫灯诱杀成虫。

4. 药剂防治

在幼虫发生初期施药防治，施药时间以下午4~5时最好，药剂可选用2%乳油1 500倍液、20%悬浮剂2 000倍液，收获前10d停止用药。

三、地下害虫

为害甘薯的地下害虫种类很多，主要有蟋蟀、蝼蛄、地老虎、蛴螬、金针虫五大类，这些害虫全是杂食性，可同时为害很多作物。防治方法如下。

（一）农业防治

精耕细作，消除杂草，灌水，轮作。

（二）物理及人工防治

人工捕杀，灯光诱杀，糖液诱杀，堆草诱杀。

（三）生物防治

培养大黑金龟乳状芽孢杆菌，接种土壤内，使蛴螬感病致死。

（四）化学防治

可结合甘薯茎线虫病的防治进行药剂浸苗，拌施毒土，毒饵诱杀，药剂喷撒。特别推荐采取农业措施防治地下害虫，化学防治必须符合国家对农产品安全生产的要求。

四、甘薯茎叶害虫

除甘薯麦蛾外，甘薯茎叶害虫主要还有甘薯斜纹夜蛾、甘薯潜叶蛾和甘薯天蛾等。防治方法如下。

（一）农业措施

冬、春季多耕耙甘薯田，破坏其越冬环境，杀死蛹，减少虫源；早期结合田间管理，捕杀幼虫；利用成虫吸食花蜜的习性，在成虫盛发期用糖浆毒饵诱杀，或到蜜源多的地方捕杀，以降低田间卵量。夜蛾盛发期可在甘薯地寻找叶背上的卵块，连叶摘除。

（二）药剂防治

每亩用 2.5% 敌百虫粉 1.5~2kg 喷粉；或用 90% 晶体敌百虫，或用 80% 敌敌畏乳剂 2 000 倍液喷雾；或用 20% Bt 乳剂 500 倍液喷雾。

第七章 甘薯贮藏加工技术

第一节 贮藏方式及存在的问题

甘薯收获的是块根，含水量大，组织幼嫩，皮薄易破损，容易受冻和感染病害。根据甘薯特点掌握贮藏保鲜技术，关键是调整贮藏温度和湿度，只要满足其贮藏条件，甘薯可贮藏8个月以上。

一、贮藏方式（贮藏的窖型）

因各地自然条件和气候因素不同，甘薯贮藏式样繁多，各具特色。寒冷地区主要采用屋窖贮藏，温暖地方一般是屋房自然堆放贮藏。贮藏量一般以占窖内空间70%左右为宜，以保证窖内氧气能维持薯块正常生理活动。

目前，甘薯的贮藏方式主要有：非字窖（或防空洞窖）、小山洞窖（又叫横窖）、井窖（又叫直窖）、大屋窖及谷壳（或锯末）堆放等方式，谷壳（或锯末）贮藏法因其操作简单近年也逐渐被推广。

（一）窖藏法

目前甘薯的贮藏普遍还是窖藏。不管是哪种窖型，都要有良好的通气条件，较好的保温防寒功能，还要结构坚固，管理方便。应选背风向阳、地势高燥、地下水位低、土质坚实，并且管理、运输方便的地方建窖。根据气候、土质、水位不同选择适宜的窖型。地势高、水位低、土层厚的地区适合打井窖；地下水位高的地区适合棚窖。

1. 井窖

井窖是农民最普遍贮藏的方式，其特点是保温、保湿，构造简单，节省物料，适宜地下水位较低和土层坚实的地方建造。方法是先挖一口圆井，井口直径50~70cm，深2~5m，井底直径1~1.5m。2m深的井窖易受地面低温的影响，不易保温，常遭冻害。5m深的井窖保温虽好，但散热慢，容易发生高温。利用此方法贮藏甘薯为害较大，农村每年秋收季节都用"火熏"方式为薯窖灭菌，窖内产生大量一氧化碳，为此吸入大量一氧化碳中毒的事件数不胜数，而井窖过深，长期封闭缺氧，下窖取薯也很容易因此造成窒息，引发生命危险。

改良井窖 在地下土质条件较好的地方，开挖"非"字形的井窖，类似砖拱窖，窖顶和出入竖井的对面留出通风孔，通风孔高于地面，有抽风的作用，有利于通风换气，贮存量达数万千克。井窖深度一般为4~6m，保温性能较好。冬季可以通过调节井口和通风孔的覆盖来保持合理温度，效果较好。

2. 棚窖

棚窖既省工又省料，贮藏量大，出入方便，缺点是保温性能差。选择户外背风向阳的地方挖窖，深2~3m，宽1.5m，长度随贮量而定。用竹木和秸秆作棚顶，表层加盖30cm秸秆、塑料等保温物，窖的南端留出入口，北端设高出窖顶的通风孔。甘薯入窖以后，及时查看窖内温度，通过调整窖口和通风孔的大小来调节温度。

3. 砖拱窖

目前效果最好的是砖拱窖（用砖砌成拱形大窖），坚固耐用，保温性能好，贮存量大，砖的吸水性好，调节湿度不滴水，出入窖方便，但建造成本高。一般南北向建造呈"非"字形窖，中间是走廊，两边是贮藏室。阳面开门，四周和顶上覆盖土层大于1m，窖顶和四周墙上有通风孔，前期利于降温、散湿，后期有利于保温、防冻。只要管理得当，一般不需要加温即可安全贮藏越冬。

（二）谷壳（或锯末）围堆贮法

此法操作简单，选择无冷风直吹，地表干燥的屋子，地面铺一层谷壳（或锯末），厚5~10cm，再在谷壳（或锯末）上圈围席（也可用石或砖堆码成圆形或方形），围席的大小和高度以贮藏甘薯多少而定。贮藏甘薯时中间留气孔，气孔用直径10~15cm的竹编篓，甘薯与围席留3~5cm间隙，用谷壳（或锯末）填满，以利保温。最顶层盖5cm厚谷壳（或锯末）以利防冻保温。此方法不耐冻害低温，而且经常有鼠害，鼠尿和腐烂的甘薯导致谷壳湿润生菌，造成菌源大面积的传播，增加甘薯的腐烂度。

（三）简易贮存库

可以选地新建或利用旧房进行改造，具体做法是在房子内部增加一层单砖墙，新墙与旧墙的间距保持10cm，中间填充稻壳或泡沫板等阻热物，上部同样加保温层；与门相对处留有小窗便于通风，最好用排气扇进行强制通风；入口处要增加缓冲间，避免大量冷热空气的直接对流；贮存时地面要用木棒等材料架高15cm，避免甘薯直接接地；地上库的向阳面可搭盖温室或塑料大棚，在冬季可利用棚内热空气对甘薯堆加热，即利用鼓风机将棚内热空气吹向室内，将室内的冷湿空气交换出来，既起到了保温作用，又能保持空气新鲜，减少杂菌污染，促进软腐薯块失水变干，不让其腐液影响周围健康薯块。大棚可用于春天育苗。

（四）冷库贮藏

将挑选的甘薯装箱（箱子两边各开2个孔），然后入库垛码或上架摆放，入库的甘薯先经愈伤处理，愈伤后将库温调至最适贮藏温度12～15℃，即进入正常管理阶段，贮藏中如发现病薯应立即剔除，防止蔓延。

二、甘薯贮藏期的生理期变化

甘薯在贮藏过程中，其内部的水分、淀粉、糖分和果胶质及其他营养元素都发生了变化，使甘薯也变得不耐贮藏，这就要求贮藏有适宜的温度及湿度。

（一）呼吸作用

甘薯收获后，薯块在贮藏期间生命活动仍在进行。呼吸作用的物质基础是水分的转化，是糖分在O_2的作用下放出CO_2、水及热量。刚入窖的甘薯，当气温偏高时，呼吸作用相当旺盛，大规模贮藏的甘薯，由于薯块群体大，呼出的CO_2和热量都很大，窖温很容易升高。据测定，1 000kg薯块在适宜窖温时，每昼夜放出CO_2 300～400g，每昼夜放出的热量可达4 205kJ，这些热量能使100kg水上升10℃。在贮藏初期，温度高，如果通风散热不良，或窖装的较满，或封窖过早，都会导致缺氧，不利于甘薯贮藏，引起烂薯。窖温越高呼吸强度越大，随着窖温的下降，呼吸作用会逐渐减弱，在10～14℃温度下，呼吸强度基本稳定。

（二）水分变化

甘薯与其他粮食不同，块根内含大量水分，保管甘薯的环境要求较高的湿度，薯块在贮藏期间，如果窖内湿度小，薯块体内水分不断散失，加之呼吸作用，淀粉不断被转化成糖，而糖又有一部分被吸收消耗，因此重量不断减轻。在正常情况下，薯块在贮藏期自然减重5%～10%。保持最合适的湿度85%～90%，从而减少甘薯失重，提高甘薯的保鲜度。

（三）淀粉和糖分变化

刚收获的甘薯淀粉含量最高，出粉率也最高。甘薯在较高温度条件下，薯块在贮藏过程中，淀粉逐渐转化为糖和糖精，经过贮藏，薯块中淀粉由20%降到15%左右，糖的一部分作为呼吸作用的底物进行呼吸消耗，另一部被积累起来，因而在冬季存放越久的甘薯，食味比刚收获的越甜。

（四）果胶质变化

甘薯细胞含有一定数量的果胶质，它起着巩固细胞壁提高薯块硬度、抵御外界不良环境的作用。甘薯长时间低于8℃受冷害，薯块中心部位的原果胶质比正常甘薯含量高出1倍，会出现硬心、煮不烂的现象。软腐病病菌侵染后，薯块中的一部分果胶质被病菌分泌的果胶酶分解，使果胶质变成可溶状态，因此出现软腐状。

（五）营养物质变化

维生素C等营养物质会随着贮藏期的延长逐渐减少。如维生素C，在刚收获时含量最高，贮藏30d损失10%左右，贮藏60d损失30%左右。

（六）愈伤组织

甘薯皮完好的健康薯块，表皮具有保护薯块、防止病菌侵入的作用。甘薯在收获时皮薄而脆，很容易脱皮和发生断折损伤，这是采收和搬运过程中难以避免的。愈伤对于甘薯贮藏非常重要，特别对于那些收获时或收获后短时间受冷的甘薯更为重要，经过愈伤的甘薯可以增强对黑斑病和软腐病的抵抗能力。而薯块愈伤组织在16～17℃时，需30d才能形成；在10～15℃时，需一个多月才能形成。

三、贮藏条件

甘薯在收获后贮存期间仍然保持着呼吸等生理活动。贮存期间要求环境温度在 10～14℃，湿度控制在 85% 左右，还要有充足的氧气。

（一）温度

甘薯贮藏最适温度为 12～13℃，在此范围内，呼吸相差很小。当温度上升至 15℃时，呼吸增强，容易生根萌芽，造成养分大量消耗，内部出现空隙，就是所谓的糠心。同时病菌的活动力上升，容易出现病害，加速黑斑病和软腐病的发生。低于 9℃ 易受冷害，造成甘薯细胞壁果胶质分离析出，继而坏死，薯块内部变褐发黑，发生"硬心"、煮不烂，后期易腐烂。一般温度在 12～13℃ 范围内，甘薯呼吸强度最小，各种化学成分较为稳定，甘薯贮存的时间较长。

（二）湿度

甘薯贮藏最适湿度为 80%～95%。当窖内相对湿度低于 80% 时，引起甘薯失水萎蔫，重量减轻，食用品质下降，口感变差；当相对湿度大于 95% 时，薯堆内水汽上升，在薯堆表面遇冷时凝成水珠浸湿薯块，时间长了会发生腐烂，薯块呼吸虽然降低，但微生物活动旺盛，易感染病害。

（三）空气成分

充足的氧气能够满足其呼吸，保持旺盛的生命力。当空气中 O_2 和 CO_2 分别为 15% 和 5% 时，能抑制呼吸，降低有机养料消耗，延长甘薯贮藏时间。当 O_2 不足 15% 时，不但不利于薯块的伤口愈合，反而迫使薯块进行缺氧呼吸，产生大量酒精，引起薯块酒精中毒而发生腐烂。有很多甘薯软腐是由缺氧引起的，农村地窖的通风性差，呼吸产生的 CO_2 积聚在底层，容易造成大面积腐烂，此时若同时发生冻害，则更容易坏烂。一般来说，甘薯块根正常呼吸转为缺氧呼吸的临界含氧量约在 4% 左右。因此不管何种贮藏方式在管理上都要注意通风。入窖初期，气温较高，井窖尤其是深井容易产生缺氧，装薯过满或封窖过早都会缺氧。由于薯块的呼吸作用使窖内氧气不足，二氧化碳浓度过高，呼吸受到抑制，造成无氧呼吸，引起腐烂，并产生酒精。

四、烂薯原因

甘薯贮藏期间发生烂薯的主要原因有冷害、病害、湿害、缺氧等5种类型。

（一）冷害

冷害（指冰点以上的低温）是发生烂薯的主要原因之一。因冷害造成烂薯、烂窖有两种情况：①入窖前受冷害，立冬后收挖入窖或收后未及时入窖在窖外受冷害，入窖后20d左右就发生零星点片腐烂。②贮藏期间受冷害，主要原因是贮窖保温条件差，往往是因窖浅或地窖井筒过大、过浅。一般多在1~2月低温时期受冷害，到春季天气转暖时，多在窖口或薯堆由上而下发生大量腐烂。甘薯受冷后的典型腐烂症状是薯块两端或中间部位开始出现水渍状斑点与凹陷，以后在凹陷点长出真菌丝状体，病斑逐渐扩大蔓延到整个薯块。甘薯受冷腐烂，一般是在转入正常温度下，贮藏一段时间以后才逐渐表现出来的，受冷时间越长腐烂发生也越快，腐烂率也越高。

（二）病害

病害也是地窖贮藏甘薯烂薯的主要原因之一。造成烂薯的病害主要有甘薯软腐病、甘薯黑斑病和甘薯茎线虫病。病害引起烂薯的主要途径是：薯块带病或病菌由伤口侵入带病，进入贮藏窖，当窖内的温湿度适宜于病菌生长时，造成发病、传播、烂薯、烂窖。

（三）湿害

湿害也是地窖贮藏甘薯烂薯烂窖的重要原因之一。贮藏前期由于气温较高，薯块呼吸作用旺盛，放出较多的 CO_2、水和热量，薯堆内水汽上升，遇冷时凝结成水珠，浸湿表层的薯块；或因下雨过多，地下水位上升，窖内淹水造成涝害，因湿度增加，适于病菌的繁殖和侵染，形成烂薯。

（四）干害

甘薯干害主要是窖内相对湿度过低，造成生理萎缩而溃烂。

（五）缺氧

部分地窖挖得过小，而贮量又过大，在入窖初期，气温较高，窖内薯块呼吸强度大，或封窖过早，就会造成缺氧烂薯烂窖。

解决甘薯贮藏烂薯的途径，一是确定适宜的甘薯收挖期；二是如何克服甘薯贮藏期的高温和低温；三是如何杜绝和减少病源；四是如何调节窖内的湿度、O_2浓度和 CO_2 浓度。

五、入窖前准备

甘薯入窖前要作好贮藏窖的准备工作，尤其是要彻底消毒，以消灭潜伏在窖内的大量病菌，减少病害的发生和蔓延。操作上要做到"一刮、二撒、三薰"，"一刮"是指刮去旧窖四周陈土3cm左右，窖底铲一层，并要见新土。"二撒"是窖内外都要撒一层生石灰。"三薰"是指用硫黄薰窖，方法是按每立方米空间用硫黄50g，点燃后封闭窖口 1~2d，再打开通气。也可用50%多菌灵可湿性粉剂 1 500倍液或50%硫黄悬浮剂800倍液均匀喷洒地窖。谷壳贮藏时，所用材料必须是当年的、干燥的，杜绝重复使用，以减少菌源量。当用锯末时，最好也不重复使用，如果要重复利用，就应在当年夏季连续曝晒几天，以彻底杀灭病菌，然后干燥贮藏备用。

入窖前对甘薯进行精选，不同品种大小薯块分开、分别入窖。做到"十不入窖"：沾泥、破伤、有病、虫咬、受冻、雨淋、水浸、发芽、露头青、裂缝等薯块不准入窖。精选后的薯块可以进行药剂处理，药剂能杀死薯块表面及浅层伤口内的细菌，显著减轻甘薯贮藏期间的病害，增强耐贮性，减少贮藏期间的损失。一般是用25%多菌灵可湿性粉剂对水 250~300 倍或者用甲基托布津对水 500~800 倍浸薯块 10~15min，捞出淋去药水，待表面水分稍干后入窖贮藏。窖内装放甘薯一般以占窖内空间70%左右为宜。

六、贮藏期间的管理

刚收获的鲜薯呼吸旺盛，放出大量的水分和热量，窖内温度高，湿度大，此时要注意通风换气，降温散湿，否则薯块容易出芽，消耗养分，导致腐烂，发生软腐病。谷壳（或锯末）围堆贮藏甘薯法因谷壳（或锯末）自身调节，管理简单，只是注意气温太低（0℃以下）时，要用双层麻袋盖注气孔保温，待温度升高后要去除。整个贮藏期间，不能翻动薯块，绝对防止雨水浸入。井窖、改良井窖、棚窖等贮藏法管理较复杂，要特别注意如下几点。

（一）贮藏初期（入窖后 20~30d）

此期主要是以散湿、降温为主。由于甘薯入贮时外界气温较高，且刚收获的薯块呼吸作用旺盛，能放出大量的热量、水气和 CO_2，使窖内温度高、湿度大，常出现"发汗"现象，促使薯块发芽，消耗养分，导致病害蔓延，易造成"烧窖"，导致薯块大量腐烂。因此，要及时打开门窗或通风口降温降湿，外界气温高时夜间要打开门窗，白天关闭，必要时用排风扇，温度降低后白天打开晚上关闭。要求窖温稳定在 10~14℃，相对湿度 80%~95%。

（二）贮藏中期（入窖后 20d 至立春）

此期注意保温，以防寒为主。由于此期经历时间最长，且处于寒冷季节，同时薯块呼吸作用已减弱，产生热量少，是薯块最易受冷害的时期。因此，这一阶段应以保温防寒为中心，力求室温不低于10℃，保持 12~13℃为宜，要经常注意当地的天气预报，定期观测窖内的温度变化，注意门窗关闭，采用封闭门窗、气孔、窗外培土，增加覆盖物保温，窖内堆稻草、麻袋等保温措施，使窖内温度保持在11~14℃，相对湿度 80%~90% 为宜。

（三）贮藏后期（立春至出库）

立春以后气温逐渐回升，但早春天气寒暖多变，且薯块经过长期贮藏，呼吸强度微弱，生理机能衰退，对不良环境的抗御能力差，极易招致软腐病的为害。在贮藏中期受冷害的薯块，亦多在此时开始发生腐烂。此期的管理应稳定窖温，适当通风换气。如气温升高，窖温偏高，湿度又大，可逐步揭除覆盖物，在晴天中午打开门窗（或井口）通气排湿降温，下午再关门窗。如遇寒潮，应关闭门窗（或井口），盖上覆盖物，做好保温防寒防冻工作。

在贮藏期间要注意两点，一是勤检查，发现烂薯及时剔除；二是下窖前一定要用灯试验如火不灭，才能进窖，防止无氧中毒。选择晴朗、无风、气温高于9℃的天气出库（窖）。装运过程中应避免机械损伤，控制好温度，避免冷、热造成的损失。

七、存在的问题

安全贮藏就是要使甘薯在整个贮藏期不腐烂、不受热、不受冻。

综合恩施地区各地相关资料，贮藏期甘薯损失在30%~40%，造成了极大的浪费与不必要的经济损失。目前存在的主要问题如下。

（一）贮藏温度低

甘薯最适宜的贮藏温度在10~14℃，但是恩施州农户目前常用的贮藏方式和贮藏技术，到了立冬以后随着气温的下降，贮藏的温度会长期低于10℃以下，因而产生的冷害和冻害会引起薯块的大量腐烂，严重影响了甘薯的品质和产量。

（二）入窖质量差

入窖质量就是要求入窖薯块完整、薯皮干燥、无病烂及其他杂质等。甘薯收获期相对比较集中，由于农户劳力不足，时间紧迫，同时农户图省事、不愿多投入等原因，不经预贮、挑选，直接将带土的块茎包括病烂伤薯一起入窖，降低了入窖质量。尤其是病烂薯块，将各种病菌直接接种到薯堆内，成为发病苗源。此外，伤薯的伤口易受病菌侵染，为病害的进一步扩大蔓延创造了条件。

（三）品种混贮

一些农户沿袭旧的贮藏习惯，将不同品种或不同用途薯块贮藏在同一个窖内，造成品种混杂，病害传播，严重影响了种性。同时对保证食用品质和加工价值极为不利。

（四）管理不科学

由于贮藏设施简单，而且许多农户在贮藏管理方面养成了懒惰的"自然管理"习惯，贮藏期间对窖内温湿度既不进行检查调节也不通风换气，任其自然发展，很容易造成病伤、腐烂等损失。

第二节　加工技术

一、薯干

薯干是自然晾干或烘烤而成，口味香甜，柔软而有韧性。其加工工艺为：原料洗净→去皮→蒸熟→切条、粒→干燥→上霜→成品。

选料：选择表皮光滑细嫩、无虫孔、无破烂、无异味，重量为100~150g的鲜薯。

清洗：将鲜薯冲洗干净，切忌放在竹编器具中揉搓，以免损伤表皮。

去皮：将洗净的薯块剥净表皮。

蒸煮：将洗净的鲜薯按大小分批放入蒸笼，用大火蒸煮至甘薯刚熟过心即可，出笼冷却。

切条、粒：将薯块切成厚 1~3cm 的长条或 1cm 左右的薯粒。

干燥：将薯条放在烘烤架上以旺火烘烤。烘至半干时转为小火，以防烘焦；烘至八成干时，取出、冷却。成品以口嚼薯条感觉软而绵为宜。

上霜：薯条冷却后放入瓷坛或其他密闭的容器。半月后薯条表面长出一层白霜，即"薯霜"。上霜的薯干以又白又厚的"严霜"为佳。

二、甘薯脯

薯脯是以红心甘薯为原料加工而成的蜜饯食品，其营养丰富，风味佳，色泽好。近年来薯脯加工有较大发展，产品畅销国内外。加工工艺为：原料选择→清洗→去皮→切分→酸液、食盐水处理→护色硬化→熬糖→调整糖液 pH 值→糖渍→控糖→烘烤→回软→包装→成品。

选料：选择浅红色、黄色或紫色中等淀粉含量的甘薯品种，表皮要光滑。

去皮：用不锈钢刀去皮，削皮后随即放入水中，以防氧化变色。

切条及护色：将薯块切成 6cm×0.6cm×0.6cm 或 4cm×1.0cm×1.0cm 的细条，立即投入 0.27%氯化钙、0.31%柠檬酸和抗 0.04%坏血酸的护色液中，浸泡 1h 护色。

漂洗：经过护色处理后的原料，反复漂洗至无钙味。

预煮硬化：将护色漂洗后的薯条沥干水分，放入沸水锅中，为防止薯条发生软烂，可加入 0.2%氯化钙进行硬化处理。在 90℃左右的热水中预煮 10min，捞起再漂洗。

糖煮：称取薯条重量 15%的蔗糖与薯条一起水煮至无生味，滤去糖液，用凉水洗去表面糖液。

烘烤：将薯条铺在烘盘上送入烘房，烘烤温度在 60℃左右，烘至薯条表面不粘手即可。烘烤时间为 10~12h。

回软包装：薯条从烘房取出后，在阴凉处摊开降至室温，吹干表面，用聚乙烯薄膜食品袋，将成品按要求分级定量装入，也可散装出售。

三、甘薯淀粉类制品

（一）甘薯淀粉

甘薯块根中淀粉含量较高，一般含量为 10%~30%，淀粉不仅是食品加工的原料，而且还应用于其他工业领域。用鲜甘薯生产淀粉的主要工序为：清洗→磨浆→过滤→沉淀→精制→晾晒→成品。甘薯淀粉加工技术简便，适合于广大薯产区采用。甘薯淀粉质量的好坏，直接影响着由淀粉进一步加工产品的质量和农民的经济收入，因此，必须注意加工技术水平的不断提高。

清洗：将薯块洗净，除净薯块外皮泥沙杂质。

磨浆：将洗净的甘薯用切丝机切碎，再用打浆机或石磨磨成浆状，使浆液均匀细腻，应防止因受空气氧化而变色。

过滤：每 50kg 甘薯浆加清水 100kg，置于池中搅拌均匀，再加入石灰水，用量为鲜甘薯重量的 1%，以促使淀粉沉淀。沉淀后的浆液，用筛网过滤，使淀粉与薯渣充分分离。

沉淀：在过滤的浆液中加入 0.2%~0.5%的漂白粉并拌匀，静置沉淀 12~24h，除去黄水和二浆水，即成粗制淀粉。

精制：在粗制淀粉中加入 2~3 倍的清水稀释，用 80 目网过滤，除去粗纤维，再加 0.2%的漂白粉，2h 后通入二氧化碳气体，边通气边搅拌，以脱去淀粉的氯离子。

晾晒：精制后的淀粉要除去水分，可用晾晒或烘干的方法进行。先将沉淀粉切成大小适中的块，摆放在清洁席子上或木板上晾晒 1~2d，然后搓成更小的块直至呈粉状晾干或烘干，即为成品。在烘的过程中，烘温不超过 65℃，以防烘焦，为此，必须注意翻动，防止受热不匀而影响质量。

（二）粉条粉皮

粉丝、粉皮及粉条是目前生产量最大的甘薯食品，在农村中普遍都有生产。以甘薯淀粉为原料制作的粉丝、粉皮、粉条，是恩施州的传统食品。

1. 工艺流程

配料→原料粉碎→沉淀粉浆→冲芡捏粉→漏粉捞丝→硫黄熏色→成品。

2. 操作方法

配料：选白色甘薯干，去皮洗净，用净水浸泡。蚕豆粉要求无杂质、无病虫害、色泽好。原料配比：甘薯干80%～90%，蚕豆粉10%～20%。若采用鲜甘薯加工，应选个大肉白、无变质、无病害的薯块，其配比：鲜甘薯300～350kg，蚕豆8～16kg。

原料粉碎：将薯干（或鲜甘薯）及蚕豆投入粉碎机内粉碎，再将细料转送到吊箩筛，吊箩筛上需要安自来水管向下放水，促使粉浆随水流入沉淀池内，清出箩筛内残渣可作猪饲料。

沉淀粉浆：当粉浆流入贮池后，让其自然沉淀，夏季3～4h，春秋7～8h，冬季22～24h。沉淀完毕，放出泡清水，清除底层含杂质的浆液，再放入新水，将粉浆充分搅匀。这样反复沉淀2～3次，得洁白的淀粉，捞起，晾干。

冲芡捏粉：从晾干的混合淀粉中，先取出5%的混合粉，加入配成含淀粉5%左右的稀浆液，通入蒸汽（无通入蒸汽条件的亦可先用水调匀淀粉，再用沸水稀释），使其成为糊化粉浆，与其余的干混合淀粉混合，并将1%～1.5%的明矾和少量的清水倒入捏合机搅拌均匀，便成为淀粉面团，待用。

漏粉捞丝：将淀粉面团搅匀放入漏瓢加压，让生粉丝均匀地落入开水锅中，沸水浸1min左右，粉丝便成透明状漂浮于水时，迅速捞起，放入冷水中冷却，冲洗净，随后晾干或晒干。

四、甘薯全粉

甘薯全粉是甘薯脱水制品中的一种。它是以新鲜甘薯为原料，经清洗、去皮、切片、护色、蒸煮、冷却、捣泥等工艺过程，脱水干燥而得到细颗粒状、片屑状或粉末状产品。甘薯全粉包含了新鲜甘薯中除薯皮以外的淀粉、蛋白质、糖、脂肪、纤维、灰分、维生素、矿物质等全部干物质。复水后具有新鲜甘薯的营养、风味和口感。其含水量较低（一般为7%～8%），贮藏期长，解决了甘薯贮藏期间霉烂，贮藏期短的问题，且其加工过程中用水少，无废料，产品用途广，在油炸制品、焙烤制品、松饼、面类制品、馅饼、早餐食品、婴儿食品等领域均可应用。此外，甘薯全粉由于其在加工过程中基本上保持了细胞的完整性，因此它能够最大限度地保留甘薯中原有的营养和功能性成分，使其丰富的营养和特异的功能性得以表达，这对于充分利用我国丰富的甘薯资源、改善人们的食物结构、提高农民收入有着较重要的经济和现实意义。

五、甘薯膨化食品

甘薯小食品包括油炸薯片及膨化食品等，此类食品体积小、味道好、营养丰富，适宜于出差、旅游携带，而且此类甘薯食品成本低廉，市场潜力较大。

六、甘薯糕点

以鲜薯为主要原料，配以适量的面粉、白糖、奶油、香精等进行定型烘烤，制成风味独特的各色糕点，如甘薯沙琪玛、甘薯小西饼、薯卷等。目前，美国及日本等一些国家把甘薯作为保健食品，常把20%～30%的薯泥掺些米面，再添加一些鸡蛋、奶油制成各种各样的婴儿保健糕点，深受消费者欢迎。

七、甘薯饲料

甘薯的块根、茎叶及加工后的各种副产物，均含有丰富的营养成分，是畜禽良好的饲料。甘薯的新鲜藤蔓可以青贮后直接用作各种动物的饲料，也可以按比例制成配合饲料，除了提供丰富的营养外，还可以提供大量的纤维素。

八、速冻制品

速冻甘薯、速冻甘薯茎尖是我国出口的特殊速冻食品，在山东等地有生产。此外，甘薯茎尖是一种无公害的绿叶蔬菜，病虫害很少，基本上不喷洒农药，经过简单的加工处理可制得安全方便、营养丰富的产品。

九、甘薯饮料

选料：选择无病变、无霉烂、无发芽的新鲜红心或紫心甘薯，清洗干净后去皮，切分。

热烫：将切分好的薯块，立即投入 100℃ 的沸水中热烫 3~5min。

粉碎：烫好的薯块进入破碎机破碎成细小颗粒（加入适量的柠檬酸或维生素 C 进行护色）。

磨浆：料水比为 1：（4~6），胶体磨浆，反复两遍。

调配：将 9% 砂糖、0.18% 柠檬酸和 0.4% 复合稳定剂（琼脂：CMC-Na=1：1）溶解，与料液混合均匀。

加热与均质：将料液加热至 55℃，进入均质机均质，均质压力为 40MPa。

脱气与罐装：均质后的料液进入真空脱气罐进行脱气处理，然后加热到 70~80℃，罐装到饮料瓶中，压紧瓶盖。

杀菌、冷却及检验：采用常压沸水杀菌，条件为 100℃、15min，然后逐级降温至 35℃ 左右，取出后用洁净干布擦净瓶身，检查有无破裂等异常现象。

另外，紫心甘薯因富含紫色花青素而呈现鲜艳的紫色，紫色花青素具有强烈脱除氧自由基、抗氧化、延缓衰老、提高机体免疫力等许多生理保健功能而倍受人们关注，因此有着广阔的开发前景。

1. 鲜食上市

选用优良的鲜食紫心甘薯品种，挑选、分级，清洗、晾干，包装上市。

2. 提取紫色花青素

紫色花青素提取，一般采用酸化水提取或直接用酸化乙醇提取，分离后滤液进行真空浓缩，再用等体积的 95% 乙醇沉淀，去除可溶性膳食纤维，滤液蒸馏分离后得到花青素粗品。

3. 开发休闲食品

可直接加工成具有保健功能的各种休闲食品，如紫薯糕、紫薯酱、紫薯片、紫薯果脯及紫薯粉丝等产品。

4. 开发全粉和薯泥

贮存运输方便，可广泛用作食品加工配料。

参考文献

[1] 江苏省农业科学院，山东省农业科学院．中国甘薯栽培学［M］．上海：上海科技出版社，1984．

[2] 陆漱韵，刘庆昌，李惟基．甘薯育种学［M］．北京：中国农业出版社，1998．

[3] 张立明，王庆美，王荫墀．甘薯的主要营养成分和保健作用［J］．杂粮作物，2003，23（3）：162-166．

[4] 张超凡．甘薯高产栽培技术——农村实用技术培训教程［M］．长沙：中南大学出版社．

[5] 毛志善，高东．甘薯优质高产栽培与加工［M］．北京：中国农业出版社，2004．

[6] 李艳芝，姚文华，苏文瑾．恩施州甘薯产业发展的现状分析与对策［J］．湖北农业科学，2014，53（24）：5 950-6 053．

[7] 米谷，薛文通，陈明海．我国甘薯的分布、特点与资源利用［J］．食品工业科技，2008（6）：324-326．

[8] 李明福，徐宁生，陈恩波．不同栽插方式对甘薯生长和产量的影响［J］．广东农业科学，2011（6）：32-33．

[9] 肖利贞，王裕欣．甘薯栽插技术［J］．农村新技术，2015（8）：7-9．

[10] 王宏，何琼．甘薯优质高产种植关键环节及主要集成技术［J］．四川农业科技，2011（9）：18-20．

[11] 陈功楷．优质高产甘薯新品种引选与栽培技术研究［D］．南京农业大学，2009：1-30．

[12] 于千桂．甘薯安全贮藏的关键技术［J］．蔬菜，2008（10）：24-25．

[13] 张晓申，王慧瑜，李晓青．甘薯的收获和安全贮藏技术［J］．陕西农业科学，2009（6）：236-239．

[14]　殷宏阁．甘薯病虫害综合防控技术 [J]．土肥植保，2015，5（242）：22-23.

[15]　郭小浩．甘薯窖藏技术及病害防治措施研究 [J]．安徽农业科学，2015，43（4）：146-147.

[16]　孙清山．甘薯两种虫害的发生及防治 [J]．植保技术，2013，24：14.

[17]　邱文忠，蔡少强．甘薯小象甲的发生为害及综合防治 [J]．现代农业科技，2008，20：130-131.

[18]　黄立飞，黄实辉，等．甘薯小象甲的防治研究进展 [J]．广东农业科学，2011（增刊）77-79.

[19]　李国强．甘薯主要病虫害防治技术 [J]．植物保护，28-29.

[20]　张勇跃．甘薯主要病害的防治技术研究 [D]．西北农林科技大学，2007：5-22.

[21]　张振芳，王海宁．甘薯地下害虫防治 [J]．西北园艺，2016，1：41-42.

[22]　王海宁，高琪，张伟．甘薯地下害虫防治技术 [J]．陕西农业科学，2014，60（07）：121-122.

[23]　杜鑫，林波．几种甘薯常见病虫害的识别与防治 [J]．植保技术，2014，11：82.

[24]　张红芳．薯田常见蛾类的虫害及其防治 [J]．种植与环境，2012，11：234.

[25]　连喜军，李洁，王吣，等．不同品种甘薯常温贮藏期间呼吸强度变化规律 [J]．农业工程学报，2009，6：310-312.

[26]　连喜军，王吣，李洁．不同因素对甘薯呼吸强度影响 [J]．食品加工，2008，1：37-39.

[27]　张瑞霞．防治甘薯烂窖的贮存方法 [J]．科研·技术推广，2013，10：117.

[28]　王燕华．甘薯安全储藏技术 [J]．现代农业科技，2008，15：262.

[29] 陈香艳，崔晓梅，魏萍，等．甘薯安全贮藏及高效生态栽培管理技术［J］．中国种业，2012，5：69-70．

[30] 张有林，张润光，王鑫腾．甘薯采后生理、主要病害及贮藏技术研究［J］．中国农业科学，2014，47（3）：553-563．

[31] 孙照，李新生，徐皓．甘薯采后生理及贮藏保鲜技术研究进展［J］．行业综述，2016，6（16）：49-50．

[32] 吕美芳．甘薯储藏方法［J］．粮经作物，2015，11（248）：7．

[33] 张晓申，王慧瑜，李晓青．甘薯的收获和安全贮藏技术［J］．陕西农业科学，2009，6：236-239．

[34] 钱蕾．甘薯的收获与安全贮藏技术［J］．农技推广，2016，7：139．

[35] 刘勇，李丽．甘薯的收获与贮藏［J］．粮油，2009，10：15．

[36] 孙爱芹，周雪梅．甘薯的贮藏及栽培管理技术［J］．农技服务，2008，25（3）：13．

[37] 郭小浩．甘薯窖藏技术及病害防治措施研究［J］．安徽农业科学，2015，43（4）：146-147．

[38] 涂刚，何丽，涂晓娅．甘薯贮藏烂薯原因调查及其解决途径［J］．粮食作物，2011，2：106-108．

[39] 黎英，陈文毅，黄振军，等．低糖、松软、无添加甘薯脯工艺的研究［J］．食品工业，2014，35（12）：107-111．

[40] 郭书普．马铃薯、甘薯、山药病虫害鉴别与防治技术图解［M］．北京：化学工业出版社，2012（1）：22-122．

[41] 李永梅，陈照光，等．甘薯优质高产栽培技术［J］．现代农业科技，2008（19）：240-244．

[42] 张立明，马代夫．中国甘薯主要栽培模式［M］．北京：中国农业科学技术出版社，2012（1）：71-117．

[43] 马代夫，刘庆昌．中国甘薯育种与产业化［M］．北京：中国农业大学出版社，2005（1）：3-10．

［44］ 王裕欣，肖利贞．甘薯产业化经营［M］．北京：金盾出版社，2010（1）：3-397.

［45］ 张超凡．甘薯 马铃薯高产栽培新技术［M］．长沙：湖南科学技术出版社，2015（1）：2-123.

编写：程　群　叶兴枝　徐　怡

生姜产业

第一章 概　述

第一节　生姜的起源及分布

一、生姜的起源

生姜是姜科多年生草本植物姜（*Zingiber officinale Roscoe*）的新鲜根茎，高 40~100cm。别名有姜根、百辣云、勾装指、因地辛、炎凉小子、鲜生姜、蜜炙姜。姜的根茎（干姜）、栓皮（姜皮）、叶（姜叶）均可入药。生姜在中医药学里具有发散、止呕、止咳等功效。

生姜原产于中国及东南亚等热带地区，但至今未发现姜的野生类型。关于姜的具体起源地，目前仍说法不一：第一种意见认为，姜起源于印度与马来半岛。第二种意见认为，姜起源于中国。在我国南方山区有一种所谓球姜，在西藏亚热带林区也分布有姜科的野生植物，似姜而辛辣味淡，全株均可食用，可能就是姜的野生原始种，因此认为，姜的原产地应为我国云贵高原和西部广大高原地区。第三种意见认为，姜的起源地可能是中国古代的黄河流域和长江流域之间的地区。从历史资料看，有孔子"不撤姜食"的记载，意思是在孔子时代姜就常供食用了。从气候条件看，古代的黄河流域是森林茂密的温暖地区，有丰富的亚热带植物。姜传入欧洲较早，16 世纪传到美洲，目前已广泛栽培于世界各热带、亚热带地区，但主要分布在亚洲和非洲。中国、印度和日本是种植姜的主要国家，欧美栽培极少。我国自古就种植生姜，如湖北江陵县出土的战国墓中有姜，西汉司马迁所写的《史记》中有"千畦姜韭其人与千户侯等"的记述，意思是某人如种 1 000 畦姜，他就可以相当于一个具有千户农民为他交租的侯爵，这不仅说明我国种姜历史悠久，而且说明种姜有很高的经济效益，远在 2000 年以前，生姜就已经成为一种重要的经济作物了。姜自古盛产于南方。北宋苏颂曰："姜以汉温池州者为佳"（汉州即四川成都，温州在浙江，池州指皖南贵池）。直到明代，北方大多数州县尚未种姜或极少种姜。北方较普遍引种是在清代。山东名产莱芜姜迄今有近百年的栽培历史。

生姜具有特殊的辣味和香味，可调味添香，是厨房中不可缺少的调料，既可做鱼肉之调配菜解除其腥味，又可生食、熟食，可腌渍、盐渍、醋渍，还可加工成姜汁、姜粉、姜酒、姜干等。研究证明生姜含有姜辣素、抗坏血酸、蛋白质、脂肪、硫胺素、核黄素、胡萝卜素、粗纤维素及钙、铁、磷等，具有较高的营养价值。

传说苏东坡在杭州为官时，曾在西湖边遇一80多岁的老和尚，身体竟如40多岁一样健壮，他从老和尚那里得一延年益寿的生姜药方。做法是用一味生姜，将其捣烂，绞取姜汁，盛入瓷盆中静置澄清，除去上层黄清液，取下层白而浓者阴干，刮取其粉，名为"姜乳"。一斤（1斤＝500g）老姜约可得一两（1两＝50g）多姜乳，与3倍面粉拌和，做成饼蒸熟即成。每日空腹吃一二饼，坚持食用即可益寿延年。明朝《奇效良方》中也说："一斤生姜半斤枣，二两白盐三两草（甘草），丁香沉香各半两，四两茴香一处捣，蒸也好，煮也好，修合此药胜似宝，每天清晨饮一杯，一世容颜长不老。"

东汉名医张仲景的处方中最善于用姜，主要用其解表发汗、降逆止呕、温中祛寒。张仲景的《金匮要略》中有一首方剂名叫"当归生姜羊肉汤"，是治血虚有寒的名方。对血虚有寒而见腹中冷痛；妇女产后虚寒腹痛，或虚寒性的痛经，皆有较好的疗效，现在已经成为药膳的名方。其后历代中医名家也大都对生姜情有独钟。被称为金元四大家的李东垣对姜推崇备至，提出"上床萝卜下床姜"的养生名言。明代大药物学家李时珍更是赞赏生姜的多种用途："姜可蔬、可果、可药。生用发散，熟用和中。久服去秽气、通神明、散风寒、止呕吐、化痰涎、开胃气、解百毒。"清代温病学家吴鞠通亦常佩戴生姜预防病邪的侵袭。

据《本草纲目》载："生姜之用有四：制半夏、厚朴之毒，一也；发散风寒，二也；与枣同用，辛温益脾胃元气，温中去湿，三也；与芍药同用，温经散寒，四也。"干姜还能温阳、散气，有"呕家圣药"之称。但姜味辛性温，素体阴虚有内热者则不宜食用，腐烂的姜更不能食用。在中药学中，姜有生姜、干姜、煨姜、炮姜、姜皮、姜汁的区别，各具不同的功效。

《神农本草经》记载："干姜，味辛温，主胸满咳逆上气，温中止血，出汗，逐风湿痹，肠澼下痢，生者尤良，久服去臭气，下气，通神明。生山谷。"有种说法，神农尝百草，以辨药性，误食毒蘑菇昏迷，苏醒后发现躺卧之处有一丛青草。神农顺手一拔，把它的块根放在嘴里嚼。过了不久，肚子里咕噜咕噜地响，泄泻过后，身体全好了。神农姓姜，他就把这尖叶草取名"生姜"。意思是它的作用神奇，能让自己起死回生。

孔子活了73岁，这个年龄在春秋时期绝对算是高寿。这和孔子健康的饮食观和卫生习惯是分不开的。其中就有姜的功劳。《论语》记载孔子说过："不撤姜食，不多食。"每次吃饭，他都要吃姜，但是每顿都不多吃。南宋理学大师朱熹在《论语集注》中，对孔子食姜的嗜好进一步作了阐释，说姜能"通神明，去秽恶，故不撤。"

据上言分析，至少在春秋前，姜就已经存在了。

二、生姜的分布

我国是世界上生姜栽培面积最大，生产总量最多的国家。近年来，我国生姜栽培面积及总产量均占世界总量的40%左右。生姜在我国分布很广，除了东北、西北等高寒地区外，南部和中部各省、自治区均有种植。其中，南方以四川、福建、贵州、江西、安徽、湖北等省种植较多，北方则以山东栽培面积最大。湖北省栽培区域以来凤、通山、阳新、鄂州、咸宁、大冶为主。

第二节　发展生姜产业的重要意义

生姜具有重要的药用价值，自古被医学家视为药食同源的保健品，具有祛寒、祛湿、暖胃、加速血液循环等多种功能。临床药用多以复方为主，姜入药分为生姜、干姜两种。食用生姜及制品具有防癌作用，生姜能减轻晕车等产生的头痛头晕、恶心、呕吐等，目前国外已研制防晕生姜胶囊，除开发有强心剂、抗肿瘤剂、防晕剂和抗过敏制剂外，还开发了姜在保健方面的应用，如制成脱毛剂、口腔卫生的制剂等。生姜油不但有独特的芳香，更有行气开窍、通血驱毒之功效。

生姜是一种很有开发利用价值的经济作物，除含有姜油酮、姜酚等主要生理活性物质处，还含有蛋白质、多忒、维生素和多种微量元素，集营养、调味、保健于一身。生姜利用部分为辛辣的根茎，由于其独特的保健功能，被广泛用于烹调和食用的加香，姜精油、姜抽提物、姜油树脂等是食品工业广泛应用的香料。

生姜油中含有多种具有营养保健作用的物质，如姜辣素、姜醇、姜烯、姜酚类化合物、姜油酮、茴香萜、桉叶油精等有效物。用它可调味、腌渍、提取香精等。

生姜作为一种常用的食品和调味品，国内外均有大面积种植，原料资源十分丰富。但是，我国目前的生姜综合加工利用技术相对落后，传统的生姜制品已经难以满足日益增长的市场需求，不能使生姜产生其应有的经济效益。同时，国内对生姜的深加工和利用研究也刚刚起步，几乎没有成型的深加工产品或技术供应市场，阻碍了我国生姜产业的发展。因此，应对生姜在工业化生产中的作用引起高度重视，使其在食品、医药等行业中发挥应有的作用，为国内生姜产品的产业开发创造有利的条件。由此可见，生姜综合利用的应用前景十分广阔。

因此，发展生姜产业是促进农民增收，推动农村经济发展，推进社会主义新农村建设的一项重要举措。

第三节　生姜产业发展概况

来凤县种植生姜有 500 多年的悠久历史，农民已经形成了种植生姜的传统习惯，来凤生姜无筋脆嫩、含硒丰富、品质独特，在全国生姜种质资源中占有重要地位，在同类产品中具有明显的比较优势，是来凤县独有的特色资源。来凤凤头姜历史悠久，其生产加工历史可追溯到清同治年间，据同治五年《来凤县志》记载："邑人每食，不去辣子、姜，盖丛岩幽谷中，水泉冷冽，非辛热不足以温胃和脾也……邑人多以盐渍晒干，白者甚佳，名冰姜。"在秋分前收获的生姜，形状酷似"凤凰头"得名为凤头姜。凤头姜表皮黄白，光滑，纤维少，肉质脆嫩，辛辣味浓，香味纯正，多汁，鲜食作蔬菜外，大量用作加工成风味独特的腌姜，远销各地，美其名为凤头姜。凤头姜的生产工艺，蕴涵了来凤当地土家族、苗族居民丰富的土著文化，是当地传统的泡菜工艺经漫长的历史演变而形成的，是土家族、苗族多年传统泡菜工艺的结晶，具有浓郁地方特色，是大山之中的奇葩。1999年，来凤县委、县政府将生姜纳入来凤县七大主导产业进行开发，并且得到国家农业部、省农业厅的大力支持，经过10多年的扶持和开发，产业基地发展迅猛，也涌现了一批加工营销大户和龙头企业，产业链条基本形成，生姜产业初具规模，初见成效。2016年来凤县生姜产业在农业、财政、科技等职能部门和龙头企业的带动下，整个产业得到了很好的发展。

一、基本现状

（一）生产情况

来凤县根据自然地理条件和产业基础，按照相对集中规模发展的原则，建立了以绿水乡、翔凤镇、漫水为主的生姜产业基地，初步形成酉水河生姜产业带。2016年来凤县有姜农1.6万户，种植生姜3.3万亩，鲜姜总产量达到4.6万t，总产值7 500多万元，在绿水等乡镇生姜已成为农民增收的主导产业。

图1-1为来凤县的生姜种植基地。

图1-1 来凤生姜种植基地

（二）加工情况

来凤县有生产糟姜的传统，随着生产的发展，也带动了生姜加工业的发展。在农业部门的支持下，先后投资1 500多万元，修建厂房、引进加工设备，建立了龙头企业湖北凤头食品有限公司，该公司年生产能力为 2 000t。同时，在龙头企业的带动下一批小型私营加工企业相继出现，县内从事生姜加工的企业 10 多家，加工作坊 50 多家，规模大小不一，主导产品都是糟姜。目前，来凤县生姜加工能力估算有5 000t 左右，实际加工量为 3 000t 左右。开发的产品有糟姜、糖醋姜、糖姜片、速溶姜汤、姜粉等系列产品 10 多个。

（三）产品品牌发展情况

通过政府和各级职能部门大力扶持和引导，近年来来凤县生姜加工品牌发展十分迅速，目前来凤县生姜加工注册品牌有凤头（图1-2）、宗昧、西源、凤翔、盛大姐、龙根香、向大姐、齐老东、叶老二等 10 多个品牌，产品市场化程度高，市场竞争充分，品牌带动效应逐步提升。

图1-2 湖北省著名商标/湖北名牌产品

（四）市场销售情况

来凤生姜目前以鲜销为主，通过几十家销售大户，建立了稳定的销售渠道，建立了稳定的销售市场，拥有一批固定的外地客商。加工产品销售在龙头企业的带动下，通过大量的广告投入，逐步拓宽了销售渠道和销售范围，产品主要销往武汉、重庆、成都、长沙、广州等地。据销售大户反映，来凤生姜非常受欢迎，有很明显的优势，2016年全国生姜价格有所下降，嫩姜收购价降到 6 元/kg，老姜收购价1.8 元/kg，成品姜销售 30 元/kg 上下。市场销售主要以原姜销售为主，占比约 60%，加工产品占比约 20%，其余 20% 留种。

（五）技术服务情况

由于多年种植，品种退化较为严重，为解决这个问题，由县农业局、科技局抽调技术骨干，组建了来凤县生姜产销协会、来凤县凤头姜产销专业合作社等专业合作组织，为广大姜农提供技术服务。在种植技术上，制定了无公害生产技术标准，推广无公害生产技术，申报无公害生产基地。

（六）技术创新情况

政府和职能部门引导企业着力开展技术创新，开发更多的高附加值生姜产品，打造富硒、绿色、健康食品产业基地。龙头企业凤头食品公司通过富硒栽培技术研究，生姜硒含量达到 0.246mg/kg，完全能够达到富硒食品生产标准，富硒生姜栽培技术已基本成熟，开发富硒生姜食品已具备条件。通过合作开发和技术引进等方式，研发高附加值生姜产品也取得了一定的进展，龙头企业凤头食品公司先后与大专院校合作，近期已开发新产品 5 个，申报专利 8 项，获得发明专利 1 项，获得省级科技奖 2 项。

二、存在的主要问题

（一）生姜病害严重

生姜存在病害严重的问题，种植有一定风险，姜区姜瘟普遍严重，姜农每年因此而减少损失达 30% 左右，目前还没有找到非常有效的解决办法和防治手段，这个问题在很大程度上影响了农民种姜的积极性，目前这一问题的主要解决方法是旱地 3 年轮作，水田一年轮作。

（二）生姜产业组织化程度低

虽然成立了生姜产销协会和专业合作社，但由于人员、经费等客观原因，使其作用得不到有效发挥、相关职能部门服务跟不上，加上受市场影响很大，因此生姜产业的整体优势没有被充分挖掘出来。

（三）龙头企业规模小，产业链条脱节

龙头企业来凤县年加工量约 2 000t，不到鲜姜总产量的 5%，不能充分发挥龙头带动作用，对整个产业的促进作用有限。

（四）在产品开发和品牌宣传上力度不大

加工水平低，工艺相对落后，产品科技含量低，品牌意识较差，宣传力度不够，产品知名度还需进一步提高。

三、今后5年来凤生姜产业发展规划

（一）规划目标

一是通过5年的努力，来凤县生姜种植规模达到5万~8万亩，来凤县生姜总产值突破5.6亿元，农民人均年收入增加2 000元以上，为精准扶贫助力，实现农民增收、农业增效。二是通过资源整合，强化品牌效应，打造全国驰名商标，营造良性化竞争环境，增强县内生姜加工企业的整体竞争实力。三是通过推进精深加工，加快来凤县生姜产业化、标准化、工业化的发展进程，使生姜增值率达到200%以上，每吨增值6 000~8 000元，生姜加工业实现年产值超3.48亿元，实现利税7 000万元。到2021年初步建成地方特色凤头姜系列产品，逐步把凤头姜产业建设成为恩施州乃至武陵山区的重要支柱产业之一，建设成为全国重要的富硒生姜生产、加工和出口基地。

（二）主要内容

1. 调整产业结构，扩大种植规模

在翔凤镇、绿水、漫水、百福司、大河、旧司、三胡等酉水河流域沿岸乡镇，每年分片区建立脱毒生姜种植核心示范基地5 000亩，逐步带动来凤县生姜种植，不断完善种植结构，扩大种植规模，推广富硒、绿色种植标准。到2021年来凤县生姜种植规模达到5万~8万亩，逐步形成酉水河、老狭河沿岸生姜产业带。基地向规模化、标准化方向发展。按照"因地制宜、科学规划、规模经营、标准生产"的原则，加强生姜基地建设，重点加强以水利、道路和机械化为重点的农业基础设施建设。通过地方托管或承包、转让、租赁等多种土地流转形式，使土地向种植能手聚集，形成规模化、专业化生产，引导农民科学种植，不断提升来凤凤头生姜的品质，为加工企业生产提供优质原料。

2. 整合优势资源，构建良性竞争环境，实施品牌战略

一是成立来凤县生姜产业管理协会，坚持推行"四个统一"，即

统一种植技术标准，统一收购技术标准，统一加工技术标准和统一使用"来凤姜"地理标志证明商标，从而规范来凤县的生姜市场，营造良好的竞争环境，共同做大做强来凤生姜产业。

二是实施品牌战略，提升企业竞争实力。打响"来凤姜"品牌。充分利用地理标志证明商标，争创绿色产品生产基地。组建生姜产业化加工企业集团，逐步实现生姜产业大融合，提高企业的生产加工能力和生姜系列产品市场占有率。

3. 着力推进生姜系列产品生产线建设，提高产业精深加工能力

提高精深加工能力是促进产业发展的根本途径。来凤县生姜加工产品中具有一定生产规模的主要是传统糟姜生产，精深加工产品，如姜汤等生产能力小，规模十分有限。今后几年适度建设现代化标准车间，强化基础设施建设，建成盐渍姜、姜汤、姜糖、姜粉、生姜酱制品、生姜果脯等产品。生产线扩大生产规模，同时利用低酸低盐生产技术改造传统糟姜生产工艺外，着重在形成更为合理、更为优良的保健食品、保健饮品及保健用品等产品结构调整上下功夫，建设新的科技生产水平更高的生产线，从而提升生姜产业精深加工能力。

4. 加大新产品开发与技术创新力度，提升产业核心竞争力

今后几年将紧紧围绕原姜的综合利用，下大力气研制开发高附加值产品，一是坚持与各科研院所合作，坚持绿色、生态、富硒、功能、健康、安全的原则，引进新技术、开发新产品。二是聘请国内食品行业的专家、教授为常年技术经济顾问，形成互动机制；三是购买国际国内生姜先进成熟的技术专利，为我所用；四是夯实生姜技术研究机构，建立科研队伍，增加科研经费，注重对民间传统工艺的收集、整理，适时开发适销对路的产品，增强产品自我更新能力，从而提升生姜产业的核心竞争力。

5. 拓宽融资渠道，加大融资力度，扩大产业规模

生姜产业属传统农业产业，周期长，产品占用资金时间长，资金周转慢，其融资的难度也很大，光靠自身滚雪球似的原始积累来推动产业的发展壮大是远远不够的。当务之急是需要打破传统观念束缚，坚持"走出去，请进来"的融资理念，改善自身软硬投资环境，加大招商引资力度，实行强强联手，借船下海；抢抓西部大开发和其他

各种政策机遇，多渠道、多层次、多方式积极争取项目支持；争取金融机构信贷投入，通过财政贴息等多种方式增加信贷规模，充分吸纳民间资金投入。力争几年内，通过各种渠道向生姜产业注资，使生姜产业整体规模得到跨越式发展。

6. 开拓国际国内市场，构建营销网络

先有市场，后有工厂，市场都是靠争出来的，必须坚定不移地把70%的精力放在市场的开拓上。坚持全方面深领域参与市场竞争，从而实现由小到大，由弱到强的销售网络。一是市场激励机制建设。实施阳光营销，利益向一线倾斜，形成一支竞争有序、搭配合理、素质较高的营销人才队伍。二是国内国际重点销售网络建设。利用现有基础，力争到2021年销售网点遍布全国各大中城市。与此同时进一步拓展国际市场，与国外经济组织及客商合作，建立客户信息资源、联络网点，逐步形成产品出口外销。三是充分利用电商、微商、互联网等渠道建设网络销售服务体系。

7. 实施人才战略，培育高素质人才队伍

人才是产业之本。通过5年时间，打破地域的束缚、观念的影响，多渠道、宽领域广纳贤才。实施动态岗位管理体系，坚决用数字说话，用业绩与事实佐证，大胆任用一切岗位人员，打破传统，创新人才队伍管理机制。多渠道吸纳人才，形成稳健、创新的高素质人才队伍。

第二章 生姜的形态特征及生长环境

第一节 生姜的形态特征

一、生姜根的形态结构与生长习性

生姜的根包括纤维根和肉质根两种。种姜播种以后，先从幼芽基部发生数条纤细的不定根，即纤维根，或称初生根。此后，随着幼苗的生长，纤维根数不断增多，并在其上发生许多细小的侧根，便形成姜的主要吸收根系。大约在 9 月中下旬，植株进入旺盛生长时期以后，在姜母和子姜的下部节上，还可发生肉质不定根，直径约 0.5cm，长 10~25cm，白色，形状短而粗，其上一般不发生侧根，根毛也很少，兼有吸收和支持功能。姜为浅根性作物，绝大部分的根分布在土壤上层 30cm 以内的耕作层内，只有少量的根可伸入土壤下层。因此，它吸收水肥能力较弱，对水肥条件要求比较严格。

姜根的解剖结构与一般单子叶植物根的构造相似，最外层是表皮，表皮上有根毛，表皮内为皮层，皮层的最内一圈为内皮层，再内为中柱部分，包括木质部、韧皮部和髓部。至于肉质不定根的解剖结构，与纤维根基本相同，只是皮层部分较厚，细胞排列的层数较多。

二、生姜叶的形态结构与生长习性

姜叶为披针形，绿色，具横出平行叶脉，叶柄较短，壮龄功能叶一般长 20~25cm，宽 2~3cm，叶片下部为不闭合的叶鞘，叶鞘绿色，狭长而抱茎，起支持和保护作用，亦具一定的光合能力。叶鞘与叶片相连处的膜状突出物为叶舌。叶舌的内侧是出叶孔，新生叶从出叶孔抽生出来，新生叶较细小，近似圆筒形，多为浅黄绿色，随着幼叶的生长逐渐展平。姜叶互生，叶序为 1/2，在茎上排成两列。

从姜叶的解剖结构横切面上可以看到，最上面为上表皮，上表皮内为栅栏组织，由许多长圆柱形的细胞组成，排列较紧密，细胞内含有叶绿体。再内为海绵组织，由许多不规则的近似圆球形或椭圆形细胞组成，内含叶绿体较少，排列比较疏松，最下面为下表皮。另有大小叶脉贯穿于叶肉中，起输导和支持作用。

生姜幼苗期，以主茎叶生长为主。立秋前后，主茎叶数约占全株总叶数的63.2%，到9月上旬以后，主茎叶数基本趋于稳定或略有增加，而侧枝叶则大量发生，10月下旬收获时，侧枝叶已占全株总叶数的83.2%。尤其是一次分枝和二次分枝上的叶片，正是根茎迅速膨大时期的壮龄功能叶，对生姜产量形成起重要作用。

生姜叶片的寿命较长，10月中下旬早霜到来时，植株基部很少有枯黄衰老的叶片脱落，绝大部分叶片都保持绿色和完好的状态。因此，在生产上采取科学、精细的管理措施，促进主茎和第一、第二次分枝上的叶片健壮生长，使其长期保持较强的同化能力，对提高生姜产量具有重要意义。

三、生姜地上茎的形态结构与生长习性

生姜的茎包括地上茎和地下茎两部分。地上茎直立，为叶鞘所包被，茎端不裸露在外，而被包在顶部嫩叶中。姜出苗以后，在正常的气候条件下，生长速度比较均匀，地上茎每天增长1~1.5cm，9月上旬以后株高趋于稳定。茎粗一般在1~1.5cm。幼苗期，以主茎生长为主，发生分枝较少，通常可具有3~4个幼嫩分枝，大约每20d，可发生1个分枝。8月上旬以后，便开始大量发生分枝，生长旺盛时，每5~6d便可增加1个分枝。10月上旬以后，气温逐渐降低，植株的生长中心已转移到根茎，因而分枝的发生也逐渐减少。生姜分枝的多少，因品种特性和栽培条件而不同。在同样的栽培条件下，疏苗型的品种，茎秆粗壮，分枝数较少，密苗型的品种，则表现分枝性强，分枝数多。对同一品种来说，在土质肥沃、肥水充足、管理精细的情况下，则表现生长势强，分枝较多，相反，在土质瘠薄、缺水少肥、管理粗放的条件下，则表现生长势弱，分枝数少。

从地上茎干物质质量的变化动态来看，以立秋前后为转折点：立秋前，分枝少且比较幼嫩，干物质质量较小。立秋后，干物质质量快速增长，10月下旬收获时，单株茎秆平均干重达18.72g，为立秋时

的 8 倍，此时各次分枝的干物质质量，约占地上茎总量的 80% 左右。

从生姜地上茎的解剖结构来看，在生姜旺盛生长时期纵剖其茎端，可见茎端中央是幼嫩的茎尖，呈半圆形，周围有几个突起物，包围着茎尖，该突起物为叶原基，由叶原基发育成幼叶。生姜茎具有单子叶植物茎的典型结构，其表皮以内为基本组织，在基本组织中，维管束分散排列。靠近茎的边缘内侧，有 2~3 层厚壁细胞，呈环状排列，表明机械组织比较发达，这与地上茎具有支持功能有关。

四、生姜根茎的形态结构与生长习性

生姜的地下茎为根状茎，既是食用器官，又是繁殖器官。根茎的形态为不规则掌状，由若干个姜球组成。初生姜球称为姜母，块较小，一般具有 7~10 节，节间短而密。次生姜球块较大，节较少，节间较稀。刚刚收获的鲜姜，呈鲜黄色或淡黄色，姜球上部鳞片及茎秆基部的鳞叶，多呈淡红色，经贮藏以后，表皮老化变为土黄色。

生姜根茎的形成过程是：种姜播种以后，在适宜的温度、水分和良好的通气条件下，种姜上的腋芽便可萌发并抽生新苗，即为主茎，随着主茎的生长，其基部逐渐膨大，形成初生姜球，称为"姜母"。姜母两侧的腋芽，可继续萌发并长出 2~4 个姜苗，即为一次分枝。随着一次分枝的生长，其基部渐渐膨大，形成一次姜球，称为"子姜"。子姜上的腋芽，仍可再发生新苗，即为二次分枝，其基部再膨大生长，形成二次姜球，称为"孙姜"。在气候适宜和栽培条件良好时，可继续发生第三、第四次姜球……直到收获。南方由于霜期较晚，生长期较长，一般可发生 4~5 次姜球，如此便形成一个由姜母和多次姜球组成的完整的根茎。

姜球是由主茎和各个分枝的基部膨大而形成的。在正常情况下，根茎产量与分枝数呈显著正相关关系，即分枝越多，姜球数也越多，因而姜块大，产量亦高。

生姜根茎的解剖结构由外向内依次为周皮、皮层薄壁组织、内皮层、维管束环及髓部薄壁组织。通常，正在生长的较幼嫩的根茎，其表面是一层扁平而近似长方形的表皮细胞，收获贮藏以后，才形成较厚的周皮层。

从根茎的横剖面结构来看，皮层薄壁组织可明显分为两部分：一是外部，称皮层外圈，其皮层细胞较大，其中很少有维管束，也不含淀粉粒；二是内部，为皮层内圈，皮层细胞较小，其中有散生维管束，细胞中含有淀粉粒，是贮存营养物质的地方。此外，镜检可见，在皮层和髓部薄壁组织中，有黄色透明的油树脂细胞分布其中，因此根茎才具有特殊的辛辣和香味。

五、生姜花的形态结构与生长习性

生姜为穗状花序，花茎直立，高约 30cm，花穗长 5~7.5cm，由叠生苞片组成。苞片边缘黄色，每个苞片都包着 1 个单生的绿色或紫色小花，花瓣紫色，雄蕊 6 枚，雌蕊 1 枚。但生姜开花极少，即使在热带地区也很少见到生姜开花。在日本九州，只有在生长发育特别好的情况下，才能有极少数植株抽薹，但因温度降低也不能开花。在大棚里虽然能够开花，但结实很少成功。在我国，于北纬 25°以北地区种植生姜时，一般不开花，近年在浙江南部温暖地区种植生姜，偶尔也有开花的，个别年份，在山东大面积姜田里，偶尔也可见到极少数花蕾或姜花。

生姜各个器官的生长状况与产量有着十分密切的关系，在正常情况下，只要生姜地上部生长健壮，叶面积较大，分枝数较多，根系发达，便可望获得较高的产量。

第二节　生姜的生长环境

一、温度条件

生姜虽然对气候适应性较广，但它亦有自身适宜的温度范围。只有在适宜的温度条件下，植株才能健壮生长，体内各种生理活动才能正常地进行。因此，在栽培中，必须了解生姜各个生长时期对温度的要求，以便为生姜生长创造适宜的环境条件。

（一）生姜各生长时期对温度的要求

根据试验，种姜在 16℃ 以上便可由休眠状态开始发芽。在 16~17℃ 条件下，发芽速度极慢，发芽期很长，经处理 60d，幼芽才长到 1cm 左右；16~20℃，发芽速度仍较缓慢；22~25℃，发芽速度较适宜，幼芽亦较肥壮，一般经 25d 左右，幼芽便可长达 1.5~1.8cm，粗可达 1~1.4cm，符合播种要求。因此可以认为，22~25℃为生姜幼芽生长的适宜温度，而在高温条件下，发芽速度很快，但幼芽不健壮。如在 29~30℃ 条件下，虽然仅经 10d 左右幼芽便长到 1.5~2.0cm，但幼芽瘦弱。在幼苗期及发棵期，以保持 25~28℃对茎叶生长较为适宜。在根茎旺盛生长期，因需要积累大量养分，要求白天和夜间保持一定的昼夜温差，白天温度稍高，保持在 25℃ 左右，夜间温度稍低，保持在 17~18℃。当气温降至 15℃ 以下时，姜苗便基本上停止生长。

（二）生姜对积温的要求

积温是作物要求热量的重要标志之一，生姜在其生长过程中，不仅要求一定的适宜温度范围，而且还要求一定的积温，才能完成其生长过程并获得较好的产量。根据对山东莱芜姜的栽培和气象资料分析，全生长期约需活动积温 3 660℃·d，需 15℃ 以上的有效积温 1 200~1 500℃·d。

二、光照条件

在土壤水分供应充足时，生姜可适应较强的光照，表现出喜光耐阴的特点。但由于生产中水分供应不及时，生姜长期处在不同程度的干旱胁迫条件下，使生姜叶片的光能利用率大为降低。因此，生产上多进行遮阴栽培。生姜具有不耐强光的习性，这是生姜长期的系统发育所形成的生物学特性。

生姜虽然具有一定的耐阴能力，但并不是光照越弱越好。在大田生产中，若遇连阴多雨或遮光过度，光照不足，对姜苗生长不利。如遮光过度，植株虽然较高，但地上茎高而细弱，有徒长表现而不够健壮，叶片薄，叶绿素含量低，鲜姜产量不高。

根据生姜生产的实践经验，栽培生姜以保持中上等强度的光照条件较为适宜。在温度及其他各种生态条件均较适宜的情况下，光照强度保持 25 000~35 000lx，对生姜单叶光合作用较为有利，但对大面积姜田来说，尤其在较密植的情况下，群体所要求的光照强度，要比单叶或单株高得多，所以为了使群体中、下层也能得到较好的光照，还是以保持中上等光照强度，对生姜群体生长更为有利。自然光照强度在 60 000~70 000lx 范围，较为适宜。不论华北或江南，在生姜生长季节，其自然光照状况，基本上都能满足生姜生长的要求。

关于日照长短对生姜生长的影响，不同的日照长度，对生姜地上部茎叶及地下部根茎的生长，均有一定的影响。生姜根茎的形成，对日照长短的要求不是很严格，不一定要求短日照的环境，即不论在长日照、短日照或自然光照条件下，都可以形成根茎，但在自然光照条件下栽培，根茎生长最好。每天光照 8h 的处理，由于缩短了光合作用时间，因而影响了茎叶和根茎的生长。

三、土壤条件

（一）对土质的要求

生姜对土壤的适应性较广，对土壤质地的要求不甚严格，不论在砂壤土、轻壤土、中壤土，都能正常生长。但以土层深厚、土质疏松、有机质丰富、通气排水良好的壤土栽培生姜最为适宜。

虽然生姜对土壤质地要求不甚严格，但不同土质对生姜的产量和品质却有一定的影响。沙性土一般透气性良好，春季地温升高较快，姜苗生长亦快，但往往有机质含量较低，保水保肥性能稍差。若生姜生长后期追肥不及时，容易因脱肥而使产量降低。有机质含量丰富的壤土春季地温上升较慢，因而幼苗生长亦较慢，但有机质含量比较丰富，保水保肥能力较强且肥效持久，到生姜生长后期，仍可为根茎膨大提供充足的养分，因而产量较高。

（二）对土壤酸碱度的要求

生姜幼苗期，尤其在小苗时期，对土壤酸碱度的适应性较广，反应不甚敏感。种植在 pH 值为 4~9 土壤上的姜苗，其生长状况均基本正常，在幼苗生长后期，不同酸碱度对植株生长有明显的影响，尤其在进入旺盛生长时期以后，其影响越来越显著。

土壤酸碱度的强弱，无论对生姜地上茎叶的生长或地下根茎的生长，都有显著的影响。姜喜中性及微酸性反应，不耐强酸及强碱，但对土壤酸碱度又有较强的适应性。在 pH 值为 5~7 的范围内，植株均生长较好，其中以 pH 值为 6 时，根茎生长最好。当 pH 值为 8 以上时，对生姜各器官的生长都有明显的抑制作用，表现植株矮小，叶片发黄，长势不旺，根茎发育不良。

四、营养条件

生姜为浅根性作物，根系不是很发达，能够伸入到土壤深层的吸收根较少，其吸肥能力较弱，因而对养分要求比较严格。另外，生姜分枝较多，植株较大，单位面积种植株数也较多，生长期长，所以全生长期需肥量较大。土壤肥力高、肥水充足，生姜生长茂盛，生长势强，亩产量高，反之，土壤瘠薄，施肥不足，生姜植株矮小，生长势弱，营养不良，亩产量低，营养状况对生姜产量有着重要影响。

生姜不同生长时期对各种营养元素的吸收规律是：幼苗期吸收氮、磷、钾数量较少，发棵期及根茎迅速膨大期吸肥量大大增多，全生长期吸收钾最多，氮次之，磷最少，约占氮、钾的 1/4。

生姜是需肥量较多的作物。每生产 1 000kg 鲜姜，吸收纯氮 0.4kg、磷 2.64kg、钾 13.58kg，生姜要求营养全面，不仅需要氮、磷、钾、钙、镁等元素，还需要锌、硼等微量元素。这些元素都有各自的功能，其他元素是不能代替的。

氮素是蛋白质的主要成分，也是合成叶绿素的主要元素，因此与植物的各种新陈代谢都有密切关系。在缺氮情况下，多表现植株矮小，叶色黄绿，叶片较薄，生长势弱。若氮肥供应充足，则表现叶色深绿，叶片厚，光合作用强，长势旺盛。

磷是构成细胞核的主要成分，参与光合作用碳同化过程中的物质转化和能量代谢，因此它对光合作用有重要影响。当磷供应充足时，前期能促进姜苗根系的生长，使根系发达，后期能促进根茎生长而提高产量。在缺磷情况下，表现植株矮小，叶色暗绿，根茎发育不良。

钾能促进光合作用，降低呼吸作用，促进多种酶的活性，能促使糖和淀粉等养分迅速运输到产品器官中，从而提高产量，改进品质。当钾供应充足时，表现茎秆粗壮，分枝多，叶色深绿，叶色肥厚，抗病性强，根茎肥大，品质优良。

生姜需要完全肥，在栽培中如果缺少某种元素，不仅会影响植株的生长和产量，而且会影响根茎的营养品质。另外，作物对各种养分的需求，都有一个适量范围，并不是越多越好，生姜也是如此。若施肥过量，不仅白白浪费肥料，还达不到理想的增产效果，致使经济效益降低。同时，氮、磷、钾施用过多，还会导致可溶性糖、淀粉、维生素 C、挥发油等营养成分降低，使品质变差。

五、水分条件

水分是生姜植株的重要组成部分，也是进行光合作用、制造养分的主要原料之一。地上茎叶中含有 86%～88% 的水分，各种肥料也只有溶解在水里才能被根系吸收。所以，在生姜栽培中，合理供水，对保证姜的正常生长并获得高产是十分重要的。

姜为浅根性作物，根系主要分布在土壤表层 30cm 以内的耕作层内，难以充分利用土壤深层的水分，因而不耐干旱。幼苗期，姜苗生长缓慢，生长量小，本身需水量不多，但苗期正处在高温干旱季节，土壤蒸发快，同时，生姜幼苗期的水分代谢活动旺盛，其蒸腾作用比生长后期要强得多。为保证幼苗生长健壮，此时不可缺水。如果土壤干旱而不能及时补充水分，姜苗生长就会受到严重抑制，造成植株瘦小而长势不旺，以至后期供水也难以弥补。

生姜旺盛生长期，生长速度加快，生长量逐渐增大，需要较多的水分，尤其在根茎迅速膨大时期，应根据需要及时供水，以促进根茎快速生长，此期如缺水干旱，不仅产量降低，而且品质变劣。

生姜虽为消耗水分较少的蔬菜，但在其生长过程中，对水分反应十分敏感，土壤湿度状况，不仅对生姜光合作用有显著影响，对生姜的生长和产量也有很大的影响。在生姜各个生长时期，其株高、分枝数、叶面积等生长指标，均随土壤湿度的增加而增加。若土壤水分不足，不能满足植株正常生长的需要，就会明显抑制生姜的生长。

第三章　主栽的生姜品种

第一节　品种类型

一、疏苗型

植株高大，茎秆粗壮，分枝少，叶深绿色，根茎节少而稀，姜块肥大，多单层排列，其代表品种如山东莱芜大姜、广东疏轮大肉姜、安丘大姜、藤叶大姜等。

二、密苗型

生长势中等，分枝多，叶色绿，根茎节多而密，姜球数量多，呈双层或多层排列。主要代表品种如山东莱芜片姜、广东密轮细肉姜、湖北来凤生姜、安徽铜陵白姜、云南玉溪黄姜等。

第二节　主要品种

一、凤头姜

"凤头姜"因其形似凤头而得名，又名"来凤姜"，是来凤县民间经过长期选育稳定下来的地方优良生姜品种。一般每亩产 1 500～2 000kg。其姜柄如指，尖端鲜红，略带紫色，块茎雪白。凤头姜无筋脆嫩、富硒多汁、辛辣适中、味美可口、开胃生津、风味独特、醇香浓郁持久，为姜中独具特色之佳品，在全国生姜品种中独树一帜，因而早已是东南亚市场青睐的畅销品。1998 年，凤头姜获得农业部"绿色食品"证书，成为全国绿色食品第一姜。凤头姜富含多种维生素、氨基酸、蛋白质、脂肪、胡萝卜素、糖、姜油酮、酚、醇以及人体必需的铁、锌、钙、硒等微量元素。凤头姜除是佐餐必备佳品外，更具有健脾开胃、祛寒御湿、加速血液循环、延缓衰老、防癌之功效，还可提取姜油酮、姜油、香精等医药化工用品。

二、鲁姜一号

该品种是莱芜市农业科学院利用 60Coγ 射线，辐照处理"莱芜大姜"后培育出的优质、高产大姜新品种，该品种具有很好的丰产、稳产性能，该品种平均单株姜块重 1kg，亩产高达 4 552.1kg（鲜姜5 302.5kg）；姜块大且以单片为主，姜块肥大丰满，姜丝少，肉细而脆，辛辣味适中；姜苗粗壮，长势旺盛；叶片开展、宽大，叶色浓绿，光合有效面积大；根系稀少、粗壮，吸收能力强。

三、西林火姜

又名细肉姜，株高 50~80cm，分枝较多，姜球较小，个体匀称，呈双层排列，根、茎皮肉皆为淡黄色，嫩芽紫红色，肉质致密，辛辣味浓，一般亩产 0.8~1.0t，是制作姜块、片的主要原料。火姜中含有浓郁的挥发油和姜辣素，是人们喜爱的重要调味品。产品可加工成烤姜块、烤姜片，经深加工可制成姜粉、姜汁、姜油、姜晶、姜露和酱渍姜等一系列姜产品。西林火姜是医学上良好的健胃、祛寒和发汗剂。

四、安姜二号

该品种是西北农林科技大学选育的黄姜新品种，2003 年 1 月 3日通过国家正式审定。该品种丰产性好、抗性强，皂素含量中等偏上，是综合性状良好的黄姜品种。该品种最适海拔 800m 以下的阳坡及半阳坡和排水良好的平地，适宜中性偏酸的土壤，耐旱和耐瘠薄均较好，栽培条件下，二年生每亩产 1 500~4 000kg，薯蓣皂素含量2.0%~3.0%；生长旺盛，感病少，偶感叶炭疽病和茎基腐病，感病率低于 10%。

五、山农一号

是山东省青州市经济开发区大姜协会联合山东多家相关农业科技机构成功培育出的生姜新品种，主要特点是单产高，亩产高达6 000~7 500kg；商品性状好，姜块大且以单片为主，奶头肥胖，姜丝少，肉细而脆，辛辣味适中；姜苗少且壮，地上茎分枝只有 10~15个，且粗壮；叶片开展、色深，抗逆性强，上部叶片集中，有效光合面积大；姜根少且壮；抗寒性强，进入 10 月后，该品种仍维持绿色，可提早种植和延迟收获，利于产量的提高和营养成分的积累，利于品质的改善。该品种的推广应用，对提高产量，增强商品市场竞争力，扩大出口，提高土地单位面积的产值，增加农民收入，具有不可低估的重要作用，有很好的推广应用前景。

六、密轮细肉

又称双排肉姜，株高 60~80cm，叶披针形青绿色，分枝力强，分枝较多，姜球较少，成双层排列。根茎皮、肉皆为淡黄色，肉质致密，纤维较多，辛辣味稍浓，抗旱和抗病力较强，忌土壤过湿，一般单株重 700~1 500g，间作，亩产 800~1 000kg。

七、疏轮大肉

又称单排大肉姜，植株较高大，一般株高 70~80cm，叶披针形，深绿色，分枝较少，茎粗 1.2~1.5cm，根茎肥大，皮淡黄色而较细，肉黄白色，嫩芽为粉红色，姜球成单层排列，纤维较少，质地细嫩，品质优良产量较高，但抗病性稍差。一般单株根茎重 1 000~2 000g，间作亩产 1 000~1 500kg。

八、莱芜片姜

生长势较强，一般株高 70~80cm，叶披针形，叶色翠绿，分枝性强，每株具 10~15 个分枝，多者可达 20 枚以上，属密苗类型。根茎黄皮黄肉、姜球数较多，且排列紧密，节间较短。姜球上部鳞片呈淡红色，根茎肉质细嫩，辛香味浓，品质优良，耐贮耐运。一般单株根茎重 300~400g，大者可达 1 000g 左右。一般亩产 1 500~2 000kg，高者可达 3 000~3 500kg。

九、山东绵姜

姜块黄皮黄肉，姜球数较少，姜球肥大，节少而稀，外形美观，纤维少，辣味适中，商品质量好，适宜出口，平均单株重 1~1.5kg，最高可达 4.3kg，一般亩产鲜姜 4 000kg 左右，高产地块可达 5 000~7 000kg/亩。

第四章　生姜的栽培技术

第一节　品种选择

　　根据市场需求，来凤地区生姜种植宜选择本地品种"来凤凤头姜"。2007 年第 215 号关于批准对"来凤凤头姜"实施地理标志产品保护的公告，根据《地理标志产品保护规定》，国家质检总局组织了对来凤凤头姜地理标志产品保护申请的审查。经审查合格，批准自即日起对来凤凤头姜实施地理标志产品保护。来凤凤头姜地理标志产品保护范围以湖北省来凤县人民政府《关于界定"来凤凤头姜"地理标志产品范围的函》（来政函〔2006〕38 号）提出的范围为准，为湖北省来凤县翔凤镇、绿水乡、漫水乡、百福司镇、大河镇、旧司乡、三胡乡、革勒车乡等 8 个乡镇现辖行政区域。

第二节　环境条件

一、温度

　　生姜对气候适应性较广，但亦有自身适宜的温度范围和适应的温度范围。只有在适宜的温度条件下，植株才能健壮生长，体内各种生理活动才能正常而又旺盛地进行。

　　种姜在 16℃以上便可由休眠状态开始发芽，22~25℃，发芽速度较适宜，幼芽亦较肥壮，在幼苗期及发棵期，以保持 25~28℃对茎叶生长较为适宜。在根茎旺盛生长期，要求白天和夜间保持一定的昼夜温差，白天温度稍高，保持在 25℃左右，夜间温度稍低，保持在 17~18℃。当气温降至 15℃以下时，姜苗便基本上停止生长。

　　生姜全生育期约需活动积温 4 000℃，需 15℃以上的有效积温不少于 1 300℃。

二、光照

　　生姜为喜光耐阴作物，不同的生长时期对光照要求也不同。发芽时要求黑暗，幼苗时期要求中强光，但不耐强光。因而生产上应采取遮阴措施造成花阴状，以利幼苗生长。但盛长期因群体大，植株自身互相遮阴，故要求较强光照。

三、土壤

生姜对土壤的适应性较广，对土壤质地的要求不甚严格，不论在砂壤土、轻壤土、中壤土，都能正常生长。但以土层深厚、土质疏松、有机质丰富、通气排水良好的壤土栽培生姜最为适宜，适宜生姜生长的土壤 pH 值为 5.7~7。

四、水分

水分是生姜植株的重要组成部分，也是进行光合作用、制造养分的主要原料之一。在生姜栽培中，合理供水，对保证姜的正常生长并获得高产是十分重要的。幼苗期，姜苗生长缓慢，生长量小，本身需水量不多，但其水分代谢活动旺盛，其蒸腾作用比生长后期要强得多，此期土壤不能干旱保持适宜的水分。生姜旺盛生长期，生长速度加快，生长量逐渐增大，需要较多的水分，尤其在根茎迅速膨大时期，应根据需要及时供水，以促进根茎快速生长，此期如缺水干旱，不仅产量降低，而且品质变劣。全生育期要求降雨量不少于 800~1 000mm。

五、大气

为保证生产高品质的生姜产品，姜区应远离城市及工业区，尤其在 3~5km 内不允许存在工矿污染源。

第三节　播种育苗

一、种子检疫

选用无病虫害的种姜应进行严格检疫。

（一）选种

选择姜块单重为 30~40g，肥大、丰满、皮色光泽好、肉质新鲜、不干缩、未受冻、质地硬、不腐烂、无病虫害的健康姜块做种。

（二）晒种

在适宜播期前 30d，即在春节前后用清水洗去姜种的泥土，选晴天晾晒 1~2d，收于室内放 3~4d，堆垛盖上草帘，以减少姜块含水量，提高姜块温度，加快发芽速度。

（三）种子消毒

用 1%生石灰水浸种 20min。

（四）催芽

催芽方法较多，但多用温炕法。催芽 20~25℃，湿度 70%~80%，时间 20~25d。标准是新芽长达 1cm，芽基部未见不定根为适宜。

二、播种

（一）整地

将姜田在年前深翻（40cm 左右）1~2 次，冬冻一季，再于移栽前翻耕细耕整地。

（二）作畦

按畦宽 2~2.5m，畦沟宽 30~40cm，沟深 30cm 作好畦。在畦面上横向按 45~60cm 行距开深 20~25cm 的沟作为种植沟。

（三）施足底肥

4 月上旬抽槽，每亩施腐熟农家肥 1 500kg，硫酸钾肥 30kg。

（四）播种期

适宜的播种期在 4 月下旬至 5 月上旬，地膜栽培各地则相应提前 5~7d。

（五）掰种姜

每块姜上保留 1 个短芽，多余小幼芽可去除，以利养分集中供应主芽，保证苗全苗壮。

（六）摆种

一般采用平摆法，即将种姜水平放在种植沟内，幼芽方向保持一致，以便田间管理。

（七）覆土

种姜摆好后，盖上细土。

第四节　田间管理

一、查苗补蔸

姜出苗80%，要查苗补蔸。对姜芽上的土块要及时除去，以助齐苗壮苗，缺苗的要尽早补种。

二、追肥

（一）提苗肥（壮苗肥）

5月下旬，姜苗达3片叶时，每亩施用腐熟农家肥800kg淋蔸。

（二）高产肥（大追肥）

6月中旬，在姜苗6~8片叶时，即在收取母姜后的7~10d，每亩用饼肥150kg加硫酸钾25kg撒施在种植沟内，然后泼施腐熟农家肥1 000kg，施肥后倒垙覆土。

三、除草、培土

苗期要及时锄去田间杂草，松土助长，生姜中后期应勤中耕，以保持土壤通透状况良好，利于姜块的快速膨大。中耕宜浅，中耕结合培土进行。

四、收取母姜

在姜苗6~8片叶时，可收取母姜，收母姜时动作要轻，以免损伤根系。

五、灌溉

高温干旱应在早、晚放水漫灌泼水保湿，避免午间灌水，高温烫根，在梅雨季节要清沟排渍，保证雨后田干，减轻病虫为害。

第五章 生姜的主要病虫害防治技术

第一节 生姜的病害防治技术

一、姜瘟病

（一）症状

姜瘟病又称腐烂病或青枯病，主要为害根部及姜块，染病姜块初呈水渍状、黄褐色、内部逐渐软化腐烂，积压有污白色汁液，味臭。茎部染病，呈暗紫色，内部组织变褐腐烂，叶片凋萎，叶色淡黄，边缘卷曲，最后死亡。姜瘟病为细菌性病害，该菌在姜块内或土壤中越冬，带菌姜种是主要的侵染源，栽种后成为中心病株，靠地面流水、地下害虫传播，病菌需借助伤口侵入。通常6月开始发病，8—9月高温季节发病严重（图5-1、图5-2）。

图5-1 姜瘟病症状

（二）发病规律

姜瘟病为一种细菌性病害，该病原菌存活的温度为5~10℃，最

图 5-2　姜瘟病田间发生状

适 25℃左右，52℃10min 可以致死。病菌可在种姜、土壤及含病残体的肥料上越冬，因而可通过病姜、土壤及肥料进行传播，成为翌年再侵染源。病菌侵染时多从近地表处的伤口及自然孔口侵入根茎，或由地上茎、叶向下侵染根茎，病姜流出的汗液可借助水流传播。姜瘟病流行期长，为害严重。

（三）发病原因

其发病的早晚、轻重与气候及降雨量有关，一般温度越高，潜育期及病程越短，病害蔓延越快，尤其是高温多雨天气，大量病菌随水扩散，造成多次再侵染，往往在较短时间内就会引起大批植株发病。因此在发病季节，如天气闷热多雨，田间湿度大，发病严重；反之，降雨量较少，气温较低的年份往往发病较轻。此外，地势高燥，排水良好的砂质土，一般发病轻，而地势低洼，易积水，土壤黏重或偏施氮肥的地块发病重。

（四）防治方法

1. 实行水旱轮流耕作制度

可以有效地控制姜瘟病在姜苗中的扩散。种植生姜的土地应该是地势比较高，排水和浇水都比较容易的地方。

2. 增加磷、钾肥的施肥量

条件允许的情况下，可以在行间覆盖稻草或秸秆遮阴，预防姜瘟病的发生。

3. 雨后及时排水

在生姜的生长期中，在雨天过后，要及时进行田地排水，以防水淹生姜。

4. 及时挖除病株

发现了生病的株苗之后，要及时将其从田中挖除，为了防止病菌在田中的扩散，要将病苗周围半米的株苗全都挖去。在土地中撒上石灰，再用干净的无菌体将其穴掩埋。

5. 可以及时选用药剂对种姜进行防治

（1）预防方案。

①种姜消毒：姜瘟净 60～100 倍液稀释使用。②喷施定植沟局部土壤消毒：姜瘟净 150 倍液（每 15kg 水加 100mL）+大蒜油 1 000 倍液（每 15kg 水加 15mL）稀释使用。③膨大期，喷雾+重点区域灌根：姜瘟净 150～300 倍液（每 15kg 水加 50～100mL）+大蒜油 1 000 倍液（每 15kg 水加 15mL）稀释使用。灌根时以灌透为标准，一般每株约需 300mL。

（2）治疗方案。

①病害初发期喷雾、重点区域灌根。使用浓度：用姜瘟净 150～200mL+大蒜油 15mL 对水 15kg 喷雾、灌根。②病害发生中期。用姜瘟净 200～250mL+大蒜油 15～30mL 对水 15kg 喷雾、灌根。

灌根区域：已发病区及往年病区、低洼区及下水头，并适当扩大范围。灌根用量及次数：每株灌药液 300mL 左右，3～5d1 次，连灌 2～3 次。

（五）植保要领

无病地留种并要精选健种，单收单藏，贮窖及时消毒。

轮作换茬、选地势高燥排水良好的地块起高垅种植，并要增施磷、钾肥，生长前期进行遮阴。

姜种消毒，用 600 倍氟派酸+600 倍"天达—2116"（浸拌种专用型）浸种。

注意观察，发现病株，及时铲除，并随即药剂浇灌，杀灭土壤残留病菌，防止继续传播。

注意预防，用 1∶1∶100 波尔多液、2 000 倍世高水分散粒剂液或用 6 000 倍 20% 龙克菌（噻菌铜）悬浮剂液，分别掺加 600 倍天达-2116 地下根茎专用型液，每 10～15d 喷洒一次，每次每亩用药液75kg，连续喷洒 2～3 次，具有较好的防治效果。

二、姜茎基腐病

（一）症状

由于水分养分运输受阻，地上部主茎由上而下干枯死亡，叶片发黑脱落，呈枯萎状，湿度大时扒开土壤，在病部和土壤中（一般地表 2cm）可见白色棉絮状物，严重时开始死株，为害极大。

（二）发病规律

病菌以菌丝体潜伏在病姜及病残体上越冬，或以菌丝体及厚垣孢子在土壤内越冬，条件适宜即可发病。一般 5 月开始发生，收获后带有病菌的种姜仍可继续发病，一直延续到翌年 3 月播种时。

（三）发病原因

高温高湿有利于生姜茎基腐病的发生，适宜的发病温度为 20～25℃。生姜属喜光耐旱植物，通风和透光不良的地块易发病，黄泥壤土、黏性重的土壤易发病重，重茬连作地块田间菌源量累积，发病较重。

（四）防治方法

1. 预防

①将青枯立克按 600 倍液稀释，在播种前或播种后及栽前苗床浇灌，使用量为 $3L/m^2$。②在定植时或定植后和预期病害常发期前，将青枯立克按 600 倍液稀释，进行灌根，每 7d 用药 1 次，用药次数视病情而定。

2. 治疗

①稀释倍数：青枯立克按 500 倍液稀释使用，病害严重时，可适当加大用药量。②用药方法：对病株及病株周围 2～3m 内植株进行灌根或小面积漫灌；若病原菌同时为害地上部分，应在根部灌药的同时，地上部分同时进行喷雾，每 5d 用药 1 次。

（五）植保要领

发病期，及时清除病株残体、病果、病叶、病枝等。

拉秧后彻底清除病残落叶及残体。

对保护地、田间做好通风降湿，保护地减少或避免叶面结露。

不偏施氮肥，增施磷、钾肥，培育壮苗，以提高植株自身的抗病力。适量灌水，阴雨天或下午不宜浇水，预防冻害。

三、姜细菌性叶枯病

（一）症状

姜细菌性叶枯病叶片发病，沿叶缘、叶脉扩展，初期出现淡褐色略透明水浸状斑点，后变为深褐色斑，边缘清晰。根茎部发病初期出现黄褐色水浸状斑块，逐渐从外向内软化腐烂（图5-3）。

图5-3　姜细菌性叶枯病症状

（二）发病规律

病菌主要随病残体在土壤中越冬。带菌种姜是田间重要初侵染源，并可随种姜进行远距离传播。在田间病菌可借雨水、灌溉水及地下害虫传播。病菌喜高温高湿，土温 28～30℃，土壤湿度高易发病。阴雨天多发病严重，尤其在暴风雨后病情明显加重。

（三）防治方法

与非薯芋类蔬菜轮作 2～3 年。

选择地势较高，雨后不易积水，通风性良好，土质肥沃地块种植。严格挑选种姜，剔除病姜。

施足充分腐熟的有机肥，增施磷、钾肥。

严防病田的灌溉水流入无病田。雨后及时排除田间积水。

发现病株及时拔除，病穴用石灰消毒。及时防治地下害虫。

收获后及时清除田间病残体，并集中销毁。

药剂防治：发病前至发病初期，可采用下列杀菌剂进行防治。20%噻菌铜悬浮剂1 000~1 500倍液、20%嘧菌酮水剂1 000~1 500倍液、50%氯溴异氰尿酸可溶性粉剂1 500~2 000倍液或77%氢氧化铜可湿性粉剂800~1 000倍液，均匀喷雾，交替使用，视病情间隔7~10d喷1次。

发病普遍时，可采用下列杀菌剂进行防治：88%水合霉素可溶性粉剂1 500~2 000倍液、20%噻唑锌悬浮剂600~800倍液、3%中生菌素可湿性粉剂600~800倍液或60%琥·乙膦铝可湿性粉剂500~700倍液，均匀喷雾，交替使用，视病情间隔5~7d喷1次。

四、姜炭疽病

（一）症状特征

为害叶片，多先自叶尖，叶缘出现病斑，后向下、向内扩展。病斑初时为水渍状褐色斑点，扩展后病斑近圆形、棱形或不规则形，边缘黄褐色，中央灰白色，斑面云纹明显或不明显。湿度大时，病斑表面出现小黑点。发病严重时，数个病斑连合成斑块，叶片变褐干枯。如叶鞘先感病，严重时叶片下垂，但仍为绿色（图5-4、图5-5）。

图5-4 姜炭疽病症状

（二）发病规律

病菌以菌丝体和分生孢子盘在病部或随病残体遗落土中越冬，在南方，分生孢子终年存在，在田间寄主作物上辗转为害，只要遇到合

图 5-5　姜炭疽病田间发生状况

适寄主便可侵染，无明显的越冬期。病菌分生孢子在田间借风雨、昆虫传播。病害再侵染频繁，遇适宜条件极易暴发流行。病菌喜高温高湿条件，病菌发育适温 25~28℃，要求 90% 以上相对湿度。分生孢子扩散传播需叶面有水滴存在，雨滴崩溅对分生孢子扩散十分重要。

（三）防治方法

高畦深沟栽培。密度要适宜，避免栽植过密。

施足腐熟粪肥，避免氮肥过多，增施磷、钾肥。定期喷施植宝素等生长促进剂，使植株壮而不旺，稳生稳长。

科学灌水。做好清沟排渍，雨后排水，降低田间湿度。

发病初期及时摘除病叶深埋或烧毁。收获后彻底清除病残体集中烧毁。

发现病株立即喷布药剂防治。药剂可选用 40% 多硫悬浮剂 500 倍液、氧氯化铜悬浮剂 800 倍液、50% 苯菌灵可湿性粉剂 1 000 倍液、77% 可杀得可湿性微粒粉剂 800 倍液、25% 炭特灵可湿性粉剂 500 倍液或 50% 多丰农可湿性粉剂 500 倍液。均匀喷雾，交替使用，每 5~7d1 次，施用 2~3 次。

第二节　生姜的虫害防治技术

一、姜螟（钻心虫）

(一) 发生症状

姜螟，又名玉米螟，属鳞翅目、螟蛾科，是为害生姜的主要害虫（图5-6、图5-7）。是一种杂食性害虫，从生姜出苗至收获前均能造成为害，为害时以幼虫咬食嫩茎，之后钻蛀茎秆（蛀入孔处有蛀屑和虫粪堆积），致使水分及养分运输受阻，使得蛀孔以上的茎叶枯黄、凋萎，有外力作用时极易折断。

图5-6　姜螟幼虫

(二) 发生规律

姜螟在来凤县一般每年发生3~4代，集中为害期正好与姜株的旺盛生长期相吻合。幼虫转株为害，最后以老熟幼虫在寄主茎秆内越冬。姜螟主要以幼虫取食为害，幼虫孵出2~3d即可从距地面1~5cm高处叶鞘与茎秆缝隙或心叶处侵入，且侵入处有明显的钻蛀孔洞。幼虫钻入后即向上钻蛀取食，造成茎秆空心，使水分营养运输受阻，被害叶片成薄膜状，且残留有粪便，叶片上有不规则的食孔，茎和叶鞘常被咬成环痕。苗期受害后上部叶片枯黄凋萎或造成茎秆折断而下部叶片一般仍表现正常，所以田间调查时可以清楚看见上枯下青的植株即为姜螟为害。这时找出虫口，剥掉茎秆，一般可见到正在取食的幼

图 5-7　姜螟成虫

虫。幼虫体长 1～3cm，3 龄前幼虫呈乳白色，老熟时呈淡黄色或褐色。

（三）防治方法

人工捕捉：由于该虫钻蛀为害，一般药剂的防治效果不是很好，特别是老龄幼虫抗性较强，提倡用人工捕捉的方法，一般早晨发现田间有刚被钻蛀为害的植株，找出虫口，剥开茎秆即可发现幼虫。

药剂防治：该幼虫在 2 龄前抗药性最强，所以应提倡治早治小，适时进行喷药防治。选用的药剂：15% 杜邦安打悬浮剂 4 000～5 000 倍液、5% 锐劲特悬浮剂 3 000～4 000 倍液或 20% 一网打进乳油 2 000～2 500 倍液，对田间植株均匀喷雾。

二、小地老虎

（一）形态特征

小地老虎的成虫暗褐色，前翅灰褐色，翅中靠前缘有黑褐色圆形斑和肾状纹各 1 个，近外缘有 3 个尖端相对的黑色长三角形斑纹。后翅灰白色、半透明，翅缘稍带褐色，翅脉明显。幼虫圆筒形，黄褐色或黑褐色，体表粗糙。腹末节背面有两条对称的深褐色纵带，这是幼虫的主要特征。卵圆形，分散。蛹红褐色，腹部 4～7 节背面基部均有粗刻点，腹末有在中间分开的短刺 1 对（图 5-8、图 5-9）。

图 5-8　小地老虎幼虫　　　　图 5-9　小地老虎成虫

（二）防治方法

冬前耕作，消灭虫卵：冬季深耕细作可以减少土中的越冬幼虫和蛹，除去田间及周围杂草，减少产卵场所，以杀死幼虫和卵。

人工捕捉：每天早晨在田间发现姜苗有为害症状时，在为害处翻土杀灭幼虫。

诱杀成虫：利用成虫对糖醋酒液及黑光灯的趋性诱杀小地老虎的成虫，糖、醋、酒、水的比例为 6：3：1：10，配好后，再加上总量 0.1%的 90%敌百虫装入盆中，在发蛾盛期于傍晚将盆放到田间，位置略高于姜苗，每亩放 2~3 个盆，每日清晨捞出死蛾后盖严，傍晚揭开盖诱蛾。也可在田间安装 20W 黑光灯诱杀。

毒饵诱杀：幼虫已达 3 龄以上，发生断苗时，可用敌百虫拌麦麸诱杀。方法是：用 90%晶体敌百虫 250g，与炒香的麦麸拌匀，在傍晚时撒在姜苗行间，每亩用毒饵 5kg 左右。

药剂防治：在第一代成虫盛发期或幼虫的 3 龄以前，幼苗新叶有小孔或缺刻时，用 90%的敌百虫 800~100 倍液喷雾，治虫保苗；或每亩用 2.5%的敌百虫粉 1.5~2.0kg，拌细土 10kg，撒在心叶里。幼虫 3 龄后，发生断苗时用 50%辛硫磷 2 500 倍液，或用 90%敌百虫 1 500 倍液于傍晚灌窝，每窝约 0.2kg。

三、根结线虫

（一）发生症状

生姜受根结线虫为害后，轻者症状不明显，重者植株发育不良，叶小,叶色暗绿,茎矮,8月中旬前后可比正常植株矮50%以上,但植株很少死亡。根部受害,产生大小不等的瘤状根结,块茎受害部表面产生瘤状或疱疹状物并出现裂口。

（二）防治方法

1. 药剂防治

（1）在栽种前进行土壤处理。栽种前在垄沟上处理土壤,取100~200mL兴柏克线稀释300~600倍,4桶/亩（每桶水15kg）对土壤均匀喷雾。注意事项:用药后必须立即进行旋耕或覆土,减少药剂的暴露时间,以免降低药效。

（2）浸种处理。栽种前可在800倍稀释的兴柏克线中浸种处理。

（3）掀膜时第一次用药。1亩地用500~1 500mL兴柏克线随水冲施,具体稀释倍数视当地根结线虫严重程度而定,但稀释的倍数不能太高以免影响药效。注意事项:尽量减少用水量,提高药剂浓度。

（4）培土时第二次用药。1亩用500~1 500mL兴柏克线随水冲施,具体稀释倍数视当地根结线虫严重程度而定。注意事项:水量过多会因稀释倍数过高而影响药效。

（5）重灾区处理。对根结线虫发生严重的区域定点灌根处理。稀释300~500倍兴柏克线,用量为2~3L/m²。

2. 农业防治

（1）深翻土地,深度要求达到24cm,把在表土中的虫瘿翻入深层,减少虫源,同时增施充分腐熟的有机肥。

（2）收获后及时清除病残根,带出大棚深埋或烧毁。

（3）轮作。

（4）耕作层更换新土。根结线虫病为害特别重的地区,可取未发生过根结线虫的大田土更换耕作层土壤,深度20~30cm为宜。

第六章　生姜的收获与贮藏

第一节　收　获

一、收种姜

生姜与其他作物不同，种姜发芽长出新植株地上茎叶的同化物质有少部分回流到种姜，因此，收获种姜要求内部组织保持完好，不干缩，不腐烂。种姜可与鲜姜在初霜到来前同时收获，也可以提前至立秋时收获。收种姜时必须注意，不可振动姜苗，以防伤根。收种姜造成伤口容易感染病菌，因而一般不提倡提前收，最好等到霜降前与新姜一起收获。

二、收嫩姜

在根茎旺盛生长期趁姜块鲜嫩提早收获，此时根茎含水量高，组织柔嫩、纤维少、辛辣味淡，主要用于腌渍、酱渍、加工糖姜片或醋酸盐水姜芽等。

三、收鲜姜

生姜不耐霜冻，因此初霜到来之前（北方10月下旬，南方11月上旬）应及时收获。但生姜叶片寿命较长，早霜到来时，除了基部最早发生的1~2叶衰老脱落外，大部分叶片仍保持完好状态。采取适当保护措施，延长生育期，可大大提高产量。收鲜姜时，先用锨或锄头整头刨出，轻轻抖落根茎上的泥土，然后自茎基部将茎秆折下或用刀削除，清除须根和肉质根，随即入窖贮藏，勿需晾晒。

第二节　贮　藏

一、生姜贮藏方法

1. 封闭堆藏

对生姜进行严格挑选，留下质量较好的散堆在仓库中，遮盖备贮。在仓库砌砖墙建小仓库，注意砖墙防风，将姜堆放在小仓库内，姜堆高 2m 左右，堆内均匀地放入若干用秸秆扎成的通气筒到顶部以利通风。堆放后立即用稻草封闭顶部，堆藏库一般每库堆放 5 000kg 左右。库温一般控制在 18~20℃，当气温下降时，可增加覆盖物保温；如气温过高，可减少覆盖物以散热降温。

2. 坑埋贮藏

在地下水位较高的地方采用坑埋法贮藏生姜，坑深一般 1m 左右，直径 2m 左右，一般能贮藏 2 500kg 左右。坑中央立一个稻草把，便于通风和测温，姜摆好后，开始时表面覆一层姜叶或稻草，然后覆一层土，以后随气温下降，分次覆土。覆土总厚度为 60~65cm，以保持堆内有适宜的贮温，坑顶注意防雨，四周设排水沟。

贮藏中的管理，既要防热，又要防寒。入坑初期温度容易升高，不能将坑口全部封闭，开始 1 个月内，要求保持较高坑温，需要 20℃ 以上，以后保持在 15℃ 左右即可。冬季必须封严，严防坑温过低。贮藏中要经常检查姜块有无变化，坑底不能有积水。

3. 泥沙埋藏

埋藏坑由砖、石等在仓库或地下室内垒成，高度约 0.8m，宽 1m 左右，长度不限，贮藏时先在坑底铺一层厚约 5cm、含水量在 10% 左右的泥沙，再放入几个通风筒，然后将挑选好的生姜放在坑内泥沙上，一层生姜（四五块姜厚）一层泥，堆至离坑口约 5cm 处。最后用泥沙覆盖，不让生姜暴露在空气之中。

贮藏期要经常检查堆内温度的变化，并采用加厚或揭去覆盖物的方法加以调节，使贮藏环境保持相对稳定的温度和湿度，不要轻易翻堆。

生姜贮藏期的一般管理：进入愈伤期一星期后，温度逐步上升到 25~30℃，经 6~7 周，温度逐渐下降至 15℃，生姜颜色变黄，并具有香气，辛辣味，此时可将门打开，天冷时要关上。进入后期贮藏，温度应长期维持 12~15℃。

4. 井窖贮藏

（1）挖贮藏窖。窖床是生姜越冬贮藏的关键。其要求是：密闭适温，干湿适度以利生姜安全越冬无损。根据贮藏的数量，挖好备足贮藏窖。山区丘陵生姜贮藏窖使用横窖，此窖优点是用工少，容易挖，操作方便，通风透气好，但保温性差。挖窖的作法是选择座北朝南，背风向阳、地势高、地面平坦、土层结实、地下水位低的区域。一般窖藏 1 500~2 500kg。为了防止雨水浸入，应在窖口开一条引水沟。窖上如有松土，应及时压紧填实，严防渍水。

（2）姜窖消毒。旧窖残留病菌，新窖内相对湿度大于70%时，容易发生霉变，因此贮姜前对姜窖进行消毒。①种姜入窖前，将2 000kg 左右枯枝落叶、杂草等放入窖内点燃，以杀灭病菌及降低窖内湿度，防止霉变。燃后余烬可撒在窖底以助吸湿。②把窖内表土刨削一层，再用生石灰撒在窖内底部及四壁。③姜种入窖时，在姜堆中放几个篾制通气筒，筒中放入 401 抗菌剂药草。药草按 50kg 姜，用6~8mL 401 抗菌剂加水 6~8 倍后喷制而成。姜堆上再用麻袋或草帘覆盖，并密封窖口熏蒸 3~4d。以后打开窖口散温即可大大减少病害。此法对姜块食用品质及发芽均无不良影响。

（3）入窖方法。姜窖经过消毒、清理后，生姜即可入窖，地下水位高的地区，入窖前应在离窖底 33cm 高的地方架设姜床，床上先放稻草、秸秆等，再放种姜。地下水位低的地区先在直窖底铺一层洁净的红沙或河沙，以后再一层沙一层姜块地堆置（最后一层沙厚 10~13cm，离窖顶 10~16cm 以便通气）。入窖时不能把挖烂、挖伤的姜或病姜入窖，生姜不能同薯类同窖贮藏，入窖应根据生姜特性分级贮藏。

（4）窖后管理。生姜入窖后，应加强温度管理。初入窖时气温在 15℃以上时，姜块呼吸作用旺盛，窖内温度高，应保持窖口敞开或半敞开，使窖内空气流通。经过 20d 左右，姜块损伤组织愈合，呼吸作用减弱，当窖内温度低于 15℃，外界日平均气温降到 5℃以下时，则应立即用窖门、木板或石板等把窖口封好，并覆盖稻草、薄膜、防风棚或防风屏等保温防风，以使窖内温度保持在 13~15℃。为了掌握窖内温度变化，应在窖口插置温度计定期检查。冬春季节，应及时检查雪雨是否渗入窖内，窖内是否有渍水。

二、生姜贮藏期常见病害防治

1. 瘟病

瘟病是生姜贮藏中的传染性病害。病姜姜块灰暗无光泽，切开有黑心或黑形，颜色越深，病情越重。预防方法：贮藏前，严格剔除病姜。种姜要选择健壮、色泽纯正、无病斑、无损伤、品种特性典型的整块生姜做种。采收后置于阳光下暴晒 1~2d，杀死病菌和晒干表皮。让种姜多蒸发掉一些水分，以防因水分过多入窖后发热腐烂。贮藏期间，应随时检查，发现瘟病及时清理，以免传染。

2. 霉菌病

在生姜表面出现一层黑斑块或烂皮，在块茎受伤、环境又适宜的情况下容易发生。随着病情的发展，白霉菌和黑霉菌逐渐向块茎内渗透。预防方法：搞好贮藏窖的消毒，一般采取的消毒方法是烟熏和生石灰消毒。

3. 冷害

生姜在贮藏中，由于冷空气突然进入贮藏环境，使生姜在生理上发生劣变而受冻。受冷害后的生姜易出水，很快就变质腐烂。预防方法：注意天气的变化，加强防冻保暖措施。最低气温下降到 8℃ 左右时，在姜窖上面盖上稻草保温，开始盖 5~7cm 厚，以后随温度的下降逐渐加厚稻草，最后盖上泥土。

第七章　生姜加工产品

第一节　初加工产品

一、糟姜

"来凤糟姜"由来凤凤头姜经来凤土家传统工艺加工精制而成，该产品以其"脆嫩无筋、开胃提神"而闻名于湘鄂川。

制作方法：仔姜去皮晾干水分。仔姜切大片，晾晒 1~2d 去掉多余的水分。朝天椒去蒂洗净沥干水分。将朝天椒和大蒜放入料理机中打碎，将打好的辣椒倒入仔姜中。加入盐、红糖、白酒拌匀。静置 1h 让它们融合在一起。放入瓶中密封，放冰箱里冷藏，一星期后即可食用。

二、糖姜片

糖姜片采用地产优质鲜嫩姜为主要原料，配以白砂糖、食盐、天然香精等，经科学配方精制加工而成，具有提神醒脑、祛寒发汗、开胃生津等功效。主要原料为仔姜，白糖和水，把姜芽清洗干净，切 2mm 厚的片，把姜片用清水淘洗一下。按姜糖比 10：（7~10）的比例，加入白糖，加少许的水，约为姜量的 1/10，小火熬煮，把加的水分以及姜里面的水分都熬出来。熬到糖浆可以拉丝的状态即可关火。熬好后把姜和糖浆倒入不粘的锅中，不锈钢的或者不粘锅都可以，快速翻炒，炒至糖浆出沙，粘连姜片上，成为糖沙的状态停止翻炒，让其自然晾凉即可。

三、酱姜

酱姜用姜和糯甜酱制成的一种美味可口食品。姜的外表自然形成一层结构酥脆的霜型酱糖。姜的内层略呈红糖色，口感甜香浓郁，微带咸辛，十分开胃。酱姜还可以作调料，既可消除鸡、鱼的本来腥味，又能调剂姜汤显得格外鲜甜芳香。

选择质地脆嫩，皮色细白的鲜姜作原料，以寒露前收获的生姜为佳。盐腌：将除去杂姜、碎坏姜的好姜洗净，放入桶内，加水后用棍子搅拌，脱去姜皮。然后沥水，入缸盐腌，每千克生姜加盐 100g，放一层姜加一层盐，腌制 15d 左右，中间翻动 2~3 次。酱制：把腌姜用刀片切成薄片，用清水洗净沥干，然后加料，每 5kg 姜片约加冰糖 10g，苯钾酸钠防腐剂 0.5g，味精 2g，优质酱油适量，拌均匀后装入布袋内，把姜袋下入到稀甜酱中，每周翻动一次。夏季 30d，秋季 45d，冬季 60d 左右即可食用。

第二节 精深加工产品

一、生姜油

生姜油是以姜块茎经水蒸气蒸馏得到的精油，为淡黄色至黄色挥发性精油，具有姜特有的芳香气味，溶于油，有抗氧化作用。广泛应用于食用香料，是蛋糕、曲奇饼干、含醇饮料、各种香精的良好调味料。用生姜提取的生姜油，不仅是调味佳品，而且贮存和运输都很方便。在国内外有广阔的市场。

生姜油提取原理：利用姜油的挥发性和不溶于水的特性，采用水蒸气蒸馏法将姜油蒸馏出来，经过冷却，油水分离后，得成品姜油。

提取生姜油的主要设备有：隧道式干燥机或烘房，粉碎机，不锈钢蒸锅，冷却器和油水分离器。

提取的主要工艺流程是：原料处理→切片→烘干→粉碎→蒸馏→冷却→油水分离。

1. 选料切片

挑选无虫蛀、无霉烂、未发芽的鲜生姜作原料，除去须根，用刀切成 4~5mm 厚的生姜片。

2. 烘晒干燥

将切好的生姜片用隧道式干燥机或烘房烘干，烘房温度为 60~65℃，时间为 6~8h。也可置于竹帘上在太阳下晒干，晒的时间为 5~6d。一般每 100 kg 鲜生姜片，可制成干生姜片 12~13kg。

3. 粉碎过筛

用粉碎机将干生姜片粉碎成粉末，并用 20 目筛过筛。筛上的粗粉末，可继续粉碎过筛。

4. 蒸馏冷却

准备好不锈钢蒸锅，蒸锅中放箅子，箅子上铺一层纱布，纱布上疏松地铺上干生姜粉；干生姜粉表面与上一层箅子之间，保留一定的空隙，以利于水蒸气通过。蒸锅中装好干生姜粉以后，在蒸锅的蒸馏管上接上冷却器，要注意保持冷却器的进出水的高度差，进水高，出水低。最后，从蒸锅下通上蒸气，使蒸气压力保持 0.12~0.13MPa。由于蒸气的高温作用，使生姜粉中的生姜油汽化，随水蒸气从蒸馏管进入冷却器，冷却成油水混合物。

5. 油水分离

用油水分离器在冷却器出口处收集其油水混合物，经静置后，油水便自动分离；再经去水后，即为生姜油。一般每 100kg 生姜粉，可提取生姜油 3~4kg。

二、姜汁饮料

生姜含有挥发油、姜辣素、各种氨基酸、淀粉、核黄素、胡萝卜素及钙、铁、锌等矿物质。现代医学研究表明：姜具有抗疲劳、除湿祛寒、发汗、止吐、解毒杀菌、增强机体免疫力等功效，我国民间很早就有把姜汁调配制成保健功能茶饮用的实例，有利充分利用和开发生姜的丰富资源。姜汁饮料有非常大的功能性饮料成长空间。

参考文献

[1]　徐坤，邹琦，赵燕．土壤水分胁迫与遮阴对生姜生长特性的影响［J］．应用生态学报，2003（10）：1 645-1 648.

[2]　李曙轩，吕欣荣．生姜根状茎形成的研究［J］．植物学报，1964（2）：162-167.

[3]　章淑兰，赵德婉，陈利平．土壤 pH 值对生姜生长和产量的影响［J］．中国蔬菜，1983（04）：5-7，9.

[4]　艾希珍，赵德婉，曲静然，等．施肥水平对生姜生长及产量的影响［J］．中国蔬菜，1997（01）：20-23.

编写：殷红清　朱云芬　明佳佳

附录　常见物理量名称及其符号

单位名称	物理量名称	SI（国际单位制符号）
千米	长度	km
米	长度	m
厘米	长度	cm
毫米	长度	mm
平方米	面积	m^2
公顷	面积	hm^2
升	体积	L
毫升	体积	mL
摄氏度	温度	℃
吨	质量	t
千克	质量	kg
克	质量	g
微克	质量	μg
毫克	质量	mg
小时	时间	h
分钟	时间	min
秒	时间	s
氢离子浓度指数	酸碱度	pH
勒克司	光照度	lx
千焦	热量和做功	kJ
兆帕	压力强度	MPa
抗生素单位	质量	U